"十二五"普通高等教育本科国家级规划教材

有机化学学习指南与练习

（第三版）

董先明　杨卓鸿　罗　颖　编

科学出版社

北京

内 容 简 介

本书为"十二五"普通高等教育本科国家级规划教材《有机化学(第四版)》(董先明等,科学出版社,2017)配套的学习指导书。

本书主要由两大部分组成:第一部分包含各章的知识要点、单元练习、典型题精解、综合练习题及参考答案。知识要点是对各章重要有机化学知识的总结与归纳;单元练习是学生在复习已学内容的基础上独立完成的课外作业;典型题精解对有机化学的解题方法、解题思路和解题技巧进行了阐述;综合练习题及其参考答案部分便于学生复习和自我检查。第二部分为《有机化学(第四版)》教材各章问题和课后习题的参考答案。

本书作为有机化学的学习指导书,可供农林院校的生命科学、农学、林学等相关专业的学生使用,也适用于学生自学和考研复习参考。

图书在版编目(CIP)数据

有机化学学习指南与练习/董先明,杨卓鸿,罗颖编 . —3 版.—北京:科学出版社,2017.2

"十二五"普通高等教育本科国家级规划教材
ISBN 978-7-03-051645-9

Ⅰ.①有… Ⅱ.①董…②杨…③罗… Ⅲ.①有机化学-高等学校-教材
Ⅳ.①O62

中国版本图书馆 CIP 数据核字(2017)第 009095 号

责任编辑:赵晓霞 / 责任校对:何艳萍
责任印制:霍 兵 / 封面设计:迷底书装

科学出版社 出版
北京东黄城根北街 16 号
邮政编码:100717
http://www.sciencep.com
天津市新科印刷有限公司 印刷
科学出版社发行 各地新华书店经销
*
2007 年 3 月第 一 版 开本:787×1092 1/16
2012 年 9 月第 二 版 印张:8 1/4
2017 年 2 月第 三 版 字数:190 000
2023 年 12 月第十七次印刷
定价:29.00 元
(如有印装质量问题,我社负责调换)

第三版前言

本书为《有机化学(第四版)》(董先明等,科学出版社,2017)配套的学习指导书。本书包括两大部分,第一部分为各章知识要点、单元练习、典型题精解、综合练习题及参考答案。通过对各章知识要点的归纳和总结,学生可以掌握所学章节的重要有机化学基础知识,同时提高理解和记忆能力;单元练习要求学生在复习已学内容的基础上独立完成,培养学生分析和解决问题的能力,进一步加深对教学内容的理解和记忆;各章的典型题精解主要对一些比较重要的有机化学问题和解题方法、解题思路和解题技巧进行阐述,指导学生完成作业并使其对学习内容有更为深刻的理解。综合练习题为近年来的期末考试试题,对于学生全面复习和考试具有参考价值。第二部分为《有机化学(第四版)》教材各章问题和课后习题参考答案。

本书由董先明教授制定编写大纲,并修编第1章、第11章和综合练习题及参考答案,杨卓鸿教授修编第2章和第4章,禹筱元教授修编第3章和第5章,罗颖副教授修编第6章和第7章,李春远副教授修编第8章,汤日元教授修编第9章和第14章,张淑婷副教授修编第10章,徐莉副教授修编第12章和第13章,丁唯嘉讲师修编第15章。

在本书的修编过程中,得到了华南农业大学材料与能源学院有机化学教研室和有机化学教学团队全体教师的大力支持与帮助,他们提出了许多宝贵意见;在第二版修编过程中担任主编的谷文祥教授提出了指导意见;还得到了"有机化学"省级精品资源共享课建设项目的资助,在此一并表示衷心的感谢。

由于编者水平有限,书中难免会出现疏漏和不妥之处,恳请同行和读者批评指正。

编 者
2016 年 10 月

第二版前言

本书为普通高等教育"十一五"国家级规划教材《有机化学(第三版)》(谷文祥等,科学出版社,2012)配套的学习指导书。全书包括两大部分,第一部分为各章的知识要点、单元练习、典型题精解,综合练习题及参考答案,研究生入学考试模拟试题及参考答案。通过对各章知识要点的归纳和总结,可以使学生掌握所学章节的基本要点,以提高学生分析问题的能力;单元练习要求学生在复习已学内容的基础上独立完成,培养学生解决问题的能力,加深对教学内容的理解和记忆;典型题精解对比较经典的一些问题和解题方法、解题思路和解题技巧进行阐述,指导学生完成作业,并使其对学习内容有更为深刻的理解。综合练习题为近年来期末考试或补考试题,对于学生全面复习考试具有参考价值。第二部分为《有机化学(第三版)》各章习题的参考答案。

本书由华南农业大学谷文祥教授制定编写大纲,并修编第 1、4、15 章,禹筱元教授修编第 2、13 章,罗颖副教授修编第 3、8 章,潘虹讲师修编第 5 章,李萍讲师修编第 6 章,明媚讲师修编第 7 章,徐晓萍讲师修编第 9 章,董先明教授修编第 10、12、17 章;天津农学院尹立辉副教授修编第 11 章,李春远副教授修编第 14、16 章。

在本书编写过程中,得到了华南农业大学理学院有机化学教研室全体教师的支持与帮助,并提出了不少宝贵意见,在此表示衷心的感谢。

由于编者水平有限,书中难免会出现疏漏和不妥之处,恳请同行和读者批评指正。

编　者

2012 年 2 月

第一版前言

　　本书为"普通高等教育'十一五'国家级规划教材"《有机化学(第二版)》(谷文祥,科学出版社,2007)配套的学习指导书。全书分为两大部分,第一部分包括知识要点、单元练习、典型题精解和综合习题及参考答案。知识要点和单元练习由学生在听课后理解的基础上自行完成,其中知识要点的归纳和总结,可以训练学生的阅读理解能力,同时掌握所学章节的基本要点;单元练习要求学生在复习已学内容的基础上独立完成,培养学生分析解决问题的能力,加深对教学内容的理解和记忆。这两方面的内容均在书上直接完成,减少作业的不规范性,便于学生总结复习;各章典型题精解对比较经典的一些问题的解题方法、解题思路和解题技巧进行阐述,指导学生完成作业并使其对学习内容有更为深刻的理解;综合习题为近年来期末考试或补考试题,对于学生全面复习考试具有参考价值,同时附参考答案,便于学生自检。第二部分为《有机化学(第二版)》(谷文祥,科学出版社,2007)课后习题参考答案。

　　本书由谷文祥教授制定编写大纲,并编写前言和第1、3、4、5、9章;禹筱元讲师编写第2、6章;杨卓鸿副教授编写第7、8章;董先明副教授编写第10、12、16章;张淑婷副教授编写第11、13章;赵颖讲师编写第14、15章;第17章由董先明、赵颖共同编写;教材课后练习题参考答案由各章编写教师分别负责。

　　本书编写过程中,得到了华南农业大学理学院有机化学教研室全体教师的支持与帮助,并提出了不少宝贵意见,在此表示衷心的感谢。

　　由于编者水平有限,书中难免会有错误和不妥之处,恳请同行和读者批评指正。

编　者

2006 年 11 月

目　　录

第1章 绪 论

1.1 知识要点

1.1.1 有机化合物的特点

有机化合物可燃烧、熔点和沸点低、难溶于水、反应速率慢、反应复杂、副产物多。其特点可用五个字概括:"多、燃、低、难、慢"。

1.1.2 现代化学键理论

1) 原子轨道

一个电子在原子核外空间最可能出现的区域称为原子轨道。核外电子的分布遵循能量最低原理、泡利不相容原理和洪德规则。

2) 分子轨道

原子轨道的线性组合称为分子轨道。分子轨道的数目等于组成分子轨道的原子轨道数,比原子轨道能量低的称为成键轨道,反之为反键轨道。

3) 共价键的基本性质

通过电子的共享而形成的化学键称为共价键。

(1) 共价键的极性。由于形成共价键的原子对电子的吸引力不同,电子云在两个原子之间不对称分布,因此共价键有极性,这样的共价键称为极性共价键。若原子对电子的吸引力相同,就会形成非极性共价键。

(2) 共价键的键长、键角和键能。

(3) 共价键的类型。按成键轨道方向的不同可分为 σ 键(俗称"头碰头")和 π 键(俗称"肩并肩"),可形成单键、双键、叁键等。

4) 杂化轨道理论

杂化是指原子成键时,参与原子成键的若干个能级相近的电子轨道相互"混杂",组成一个新的轨道。

理论要点 只有能量相近的原子轨道才能进行杂化,且只有在形成分子的过程中才能进行杂化。杂化轨道的成键能力比原来未杂化的轨道的成键能力强,形成的化学键键能大。杂化轨道的数目是参与杂化的原子轨道的总数。杂化轨道成键时要满足化学键间最小排斥力原理。杂化轨道的类型与空间构型有关。

1.1.3 共价键的断裂和有机反应类型

共价键的断裂分为均裂和异裂。均裂:共用电子对平均分配给两个成键原子或原子团,即生成游离基。游离基反应一般在光和热的条件下发生。异裂:成键电子完全转移给成键的某一方。异裂的产物:正离子和负离子,反应一般在酸碱或极性物质的催化下进行。

1.1.4 有机化合物酸碱理论

酸碱质子理论:酸是能释放质子的物质,碱是能接受质子的物质。

酸碱电子理论:酸是在反应过程中能接受电子对的物质,碱是在反应过程中能够给出电子对的物质。

1.2 单元练习

1. 价键理论和杂化轨道理论的主要区别是什么?

2. 经元素分析表明某有机化合物由碳和氢元素组成,其中碳的质量分数为86.2%,氢为13.8%,经质谱分析测定其相对分子质量为70,它的分子式是什么?

3. 共价键有哪几种断裂方式? 各发生什么样的反应?

4. 根据酸碱质子理论,下列物质哪些是酸? 哪些是碱? 哪些既是酸又是碱?

$H^+, H_2O, CN^-, RCH_2^-, RNH_3^+, OH^-, HS^-, NH_2^-, NH_3, RO^-, HCO_3^-, H_2S$

1.3 典型题精解

1. 某化合物包含 C、H 和 O,经元素分析分别为 C(70.4%)、H(13.9%),写出其实验式。

解 由化合物元素分析可知氧的质量分数为

$$(100-70.4-13.9)\% = 15.7\%$$

则 $C : H : O = (70.4/12) : (13.9/1) : (15.7/16) = 6 : 14 : 1$

故该化合物的实验式为 $C_6H_{14}O$。

2. 预测下列各对物质的酸性相对强弱。

(1) H_3O^+ 和 NH_4^+　　　(2) H_3O^+ 和 H_2O　　　(3) NH_4^+ 和 NH_3

(4) H_2S 和 HS^-　　　(5) H_2O 和 OH^-

解 (1) $H_3O^+ > NH_4^+$　　(2) $H_3O^+ > H_2O$　　(3) $NH_4^+ > NH_3$

　　(4) $H_2S > HS^-$　　(5) $H_2O > OH^-$

3. 下列物种哪些是亲电试剂? 哪些是亲核试剂?

$H^+, Cl^+, H_2O, CN^-, RCH_2^-, RNH_3^+, NO_2^+, R\!-\!\overset{+}{C}\!=\!O, OH^-, NH_2^-, NH_3, RO^-$

解 根据酸碱理论,能接受电子的为酸,是亲电试剂,所以 H^+、Cl^+、RNH_3^+、NO_2^+、$R\!-\!\overset{+}{C}\!=\!O^+$ 是亲电试剂;能给出电子的为碱,是亲核试剂,所以 H_2O、CN^-、RCH_2^-、OH^-、NH_2^-、NH_3、RO^- 为亲核试剂。

4. 碳原子核外及氢原子核外各有几个电子? 它们是怎样分布的? 画出它们的轨道形状。当 4 个氢原子与 1 个碳原子结合成甲烷(CH_4)时,碳原子核外有几个电子是用来与氢原子成键的? 画出它们的轨道形状及甲烷分子的形状。

解 碳原子核外有 6 个电子,氢原子核外有 1 个电子,碳原子以核外 $2s^2 2p^2$ 上的 4 个电子与氢原子 1s 轨道成键,其中 s 轨道的形状为圆球形,p 轨道的形状为哑铃形,分别画出如下:

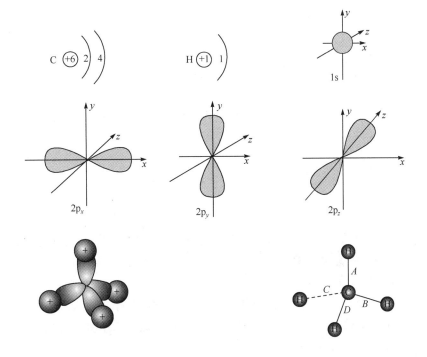

第 2 章　烷　　烃

2.1　知 识 要 点

2.1.1　烷烃的结构

1）烷烃碳原子的杂化

sp^3。

2）构造异构

分子式相同而结构式不同的化合物称为同分异构体，这种现象称为同分异构。同分异构是有机化合物中一种普遍现象。

3）碳氢的类型

直接与一个、两个、三个或四个碳原子相连的碳原子分别称为伯、仲、叔和季碳原子，用 $1°C$、$2°C$、$3°C$、$4°C$ 表示；同样，把伯、仲、叔碳原子连接的氢原子分别称为伯、仲、叔氢原子，也可用 $1°H$、$2°H$、$3°H$ 表示氢。

2.1.2　烷烃的系统命名规则

系统命名分为三步：一选、二编、三配基。

（1）选母体：碳链最长，取代最多。

（2）编号：位次最低（最低系列原则）。

（3）配基：先小后大（优先基团后列出），同基合并。

2.1.3　烷烃的构象

构象是指在一定构造的分子中的原子或原子团通过单键旋转而产生的不同空间排列形式。烷烃以 C—C 单键自由旋转可以产生无数种构象。交叉式构象和重叠式构象为乙烷的两种典型构象。交叉式构象为优势构象。

2.1.4　烷烃的化学性质

1）卤代反应和烷烃的自由基取代机理

烷烃的卤代反应是按自由基历程（游离基取代机理）进行的。以甲烷为例，烷烃的氯代反应历程经历了链的引发、链的增长、链的终止三个阶段。

2）烷基自由基的稳定性（不同 H 原子的活泼性）

烷基自由基的稳定性的次序为 $3°C>2°C>1°C>·CH_3$，所以卤代时，烷基氢的活性为 $3°H>2°H>1°H>CH_4$。

2.2 单元练习

1. 用系统命名法命名下列化合物。

(1) $(CH_3CH_2)_2CHCH_3$

(2)

2. 写出相对分子质量为 114,同时含有 1°、2°、3°、4°碳的烷烃的构造式。

3. 写出下列化合物的结构式,如其名称与系统命名原则不符,请予以改正。

(1) 3,3-二甲基丁烷

(2) 3,4-二甲基-3-乙基戊烷

(3) 2-叔丁基-4,5-二甲基己烷

4. 相对分子质量为 72 的烷烃进行高温氯代反应,根据氯代产物的不同,推测各种烷烃的结构式。

(1) 只生成 1 种一氯代产物

(2) 可生成 3 种不同的一氯代产物

(3) 生成 4 种不同的一氯代产物

(4) 只生成 2 种二氯代产物

5. 写出 $BrCH_2CH_2Cl$ 的优势构象。

2.3 典型题精解

1. 请解释:(1) 为什么烷烃不活泼?(2) 为什么在烷烃高温裂解过程中,断裂的是 C—C 键而不是 C—H 键?(3) 虽然烷烃的燃烧是一个强烈的放热反应过程,但是这个反应并不在室温下发生。

解 (1) 分子中的反应活性部位通常有一对或者两对未共用电子、一个极性键、一个缺电子原子或者有一个可扩张的八隅体的原子,而烷烃没有这些,所以不活泼。

(2) C—C 键的能量($\Delta H = +347kJ/mol$)比 C—H 键的能量($\Delta H = +414kJ/mol$)低。

(3) 由于反应的 ΔH 非常高,所以在室温下该反应非常慢。

2. 写出分子中仅含有 1 个季碳原子、1 个叔碳原子、1 个仲碳原子及多个伯碳原子的最简单的烷烃的可能异构体。

解 根据季碳、叔碳、仲碳原子的定义,必须具有如下状态:

其中游离价表示必须与其他碳原子相连,要符合最简单烷烃的要求,首先它们之间必须互相连接,剩余的游离价再用最小的烷基(甲基)饱和,因此其相应的烷烃为

2,2,3-三甲基戊烷 2,2,4-三甲基戊烷 2,2,3-三甲基戊烷

— 5 —

3. (1) 列出由①$CH_3CH_2CH_2CH_3$ 和②$(CH_3)_2CHCH_3$ 得到的一溴取代物。

(2) 判断每种情况下组成占主要数量的异构体。

解 (1) 分子中有两种 H 原子,因而每一种化合物都可能有两种异构体。

① $CH_3CH_2CH_2CH_2Br$ 和 $CH_3CHBrCH_2CH_3$; ② $(CH_3)_2CHCH_2Br$ 和 $(CH_3)_2CBrCH_3$。

(2) 一般来说,溴取代的 H 原子的反应活性顺序为 $3°(1600) > 2°(82) > 1°(1)$。所以,在决定溴代产物的产率中,反应活性不同的影响可以完全掩盖概率因素的影响。①中 $CH_3CHBrCH_2CH_3$ 是通过取代 $2°$H 原子形成的;②中 $(CH_3)_2CBrCH_3$ 是通过取代 $3°$H 原子形成的,故它们为主要异构体。

第3章　烯烃和红外光谱

3.1　知识要点

3.1.1　烯烃的结构与命名

1）烯烃碳原子的杂化与烯烃的结构

烯烃分子中含有 sp^2 杂化的碳原子,这样的两个碳原子彼此各用一个 sp^2 轨道相互结合形成一个 C—C σ键,每个碳原子的其余两个 sp^2 轨道分别与原子(或基团)A 和 B 结合形成 C—A、C—B σ键。两个碳原子上各保留一个电子在 p 轨道中。由于碳原子的三个 sp^2 杂化轨道同处在一个平面上,而其 p 轨道与此平面垂直,两个 p 轨道相互平行时,体系的能量较低,两个 p 轨道可以最大限度地重叠形成 π 键,产生含有碳碳双键的稳定分子。

2）烯烃的系统命名、顺反异构、Z/E 标记法与次序规则

烯烃的系统命名:①先找出含双键的最长碳链,把它作为主链,并按主链中所含碳原子数把该化合物命名为某烯;②主链编号时需从离双键近的一端开始,使双键碳原子编号较小;③要用阿拉伯数字标明双键的位置,并写在烯的名称前面;取代基所在碳原子的编号写在取代基之前,取代基也写在某烯之前;④超过十个碳原子时,烯前要加碳字;⑤顺反异构的顺、反字样写在全名的最前边。

顺反异构指的是若两个双键碳原子所连原子或基团彼此有相同者,在双键同一侧称为顺式构型,在相反的一侧为反式构型。顺反异构体特别对于双键的两个碳上没有相同的原子或基团的可用 Z、E 的方法表示,即按次序规则,两个双键碳原子上的两个原子序数大的原子(或基团)在双键同一侧的称为 Z 型;在异侧的称为 E 型。

3.1.2　烯烃的主要化学性质

1）亲电加成反应

两个或多个分子相互作用,生成一个加成产物的反应称为加成反应。通过化学键异裂产生的带正电的原子或基团进攻不饱和键而发生的加成反应称为亲电加成反应。亲电加成反应可以按照"碳正离子中间体机理"、"环鎓离子中间体机理"、"离子对中间体机理"和"三中心过渡态机理"四种途径进行。

（1）加氢。在催化剂存在的情况下,烯烃加氢生成饱和化合物。

（2）加卤素、卤化氢和水。烯烃可以与卤素、卤化氢进行加成。不对称烯烃和不对称试剂加成时,总是向生成稳定碳正离子中间体的方向进行。

2）反马氏加成

当反应混合物中有过氧化物存在时,烯烃与 HBr 加成按游离基反应机理进行,生成反马氏规则产物。

3）氧化反应

（1）高锰酸钾氧化。用稀 $KMnO_4$ 的中性或碱性溶液在较低温度下氧化烯烃,产物是邻二醇;如果用浓度较大的 $KMnO_4$ 的酸性溶液结果是得到双键断裂产物。$KMnO_4$ 氧化烯

烃的简单记忆法：

$$\underset{R'}{\overset{R}{>}}C=C\underset{H}{\overset{R''}{<}} \xrightarrow{\text{KMnO}_4} \left[\underset{R'}{\overset{R}{>}}C=O + O=C\underset{H}{\overset{R''}{<}} \right]$$
酮　　　醛

$$\xrightarrow{\text{KMnO}_4} O=C\underset{OH}{\overset{R''}{<}}$$
酸

$$\underset{R'}{\overset{R}{>}}C=C\underset{H}{\overset{H}{<}} \xrightarrow{\text{KMnO}_4} \left[\underset{R'}{\overset{R}{>}}C=O + O=C\underset{H}{\overset{H}{<}} \right]$$
酮　　　甲醛

$$\xrightarrow{\text{KMnO}_4} O=C\underset{OH}{\overset{OH}{<}} \longrightarrow CO_2 + H_2O$$
碳酸

（2）臭氧氧化。将含有 O_3 的空气通入烯烃的溶液（如 CCl_4 溶液）中，产物中有醛又有 H_2O_2，所以醛可能被氧化，使产物复杂化。加入锌粉可防止醛被 H_2O_2 氧化。烯烃臭氧氧化反应的意义：可从产物推出原来的烯烃的结构。

$$\underset{R'}{\overset{R}{>}}C=C\underset{H}{\overset{R''}{<}} + O_3 \longrightarrow \left[\underset{R'}{\overset{R}{>}}C\underset{O-O}{\overset{O}{<}}C\underset{H}{\overset{R''}{<}} \right] \xrightarrow{H_2O} \underset{R'}{\overset{R}{>}}C=O + O=C\underset{H}{\overset{R''}{<}} + H_2O_2$$
酮　　　醛

$$\underset{R'}{\overset{R}{>}}C\underset{O-O}{\overset{O}{<}}C\underset{H}{\overset{R''}{<}}$$

$$\xrightarrow{H_2O/Zn} \underset{R'}{\overset{R}{>}}C=O + O=C\underset{H}{\overset{R''}{<}}$$
酮　　　醛

$$\xrightarrow{H_2O_2} \underset{R'}{\overset{R}{>}}C=O + O=C\underset{OH}{\overset{R''}{<}}$$
酮　　　酸

（3）环氧化反应。

$$\underset{\diagdown}{\diagup}C\!=\!C\underset{\diagup}{\diagdown} \xrightarrow{\text{有机过氧酸}} \underset{\diagdown}{\diagup}C\!\!-\!\!\!\underset{O}{\underset{\diagup}{\diagdown}}\!\!-\!\!C\underset{\diagup}{\diagdown}$$ （保持双键构型）

（4）催化氧化。催化氧化是工业上最常用的氧化方法,产物大多是重要的化工原料。

$$H_2C\!=\!CH_2+1/2O_2 \xrightarrow[250℃]{Ag} \triangle\!\!\!O$$

4）α-氢的反应

α-氢受双键的影响,有特殊的活泼性。在高温或光照的条件下,烯烃的 α-H 可被卤素原子取代。烯烃的 α-卤代反应为自由基反应,因为在光和热的情况下,有利于自由基的产生。例如

$$CH_2\!=\!CH\!-\!CH_3+Cl_2 \xrightarrow{500℃} CH_2\!=\!CH\!-\!CH_2Cl+HCl$$

α-氯丙烯或烯丙基氯

3-溴环己烯

N-溴代丁二酰亚胺
(NBS,专门溴代α-H)

3.1.3　常见官能团的红外光谱数据

详见表中一些基团红外吸收的特征频率。

一些基团红外吸收的特征频率

化合物类型	基团及振动方式	频率范围/cm^{-1}
烷烃	C—H(伸缩)	2960～2850(s)
	（弯曲）	1740～1350(s)
烯烃	=C—H(伸缩)	3080～3020(m)
	（弯曲）	1100～675(s)
	C=C(伸缩)	1680～1640(v)
芳烃	=C—H(伸缩)	3100～3000(m)
	（弯曲）	870～675(s)
	C=C(伸缩)	1600,1500(v)
炔烃	≡C—H(伸缩)	3300(s)
	C≡C(伸缩)	2260～2100(v)
醇、醚、羧酸、酯	C—O(伸缩)	1300～1080(s)

化合物类型	基团及振动方式	频率范围/cm^{-1}
醛、酮、羧酸、酯	C=O(伸缩)	1760~1690(s)
一元醇、酚(游离)	O—H(伸缩)	3640~3610(v)
(缔合)	O—H(伸缩)	3600~3200(w)
羧酸	O—H(伸缩)	3300~2500(w)
胺、酰胺	N—H(伸缩)	3500~3300(w)
	(NH$_2$)	3500~3300(m)
	(弯曲)	1650~1590(s)
	C—N(伸缩)	1360~1180(s)
腈	HC≡N(伸缩)	2260~2210(v)
硝基化合物	—NO$_2$(伸缩)	1560~1515(s)
	(弯曲)	1380~1345(s)

3.2 单元练习

1. 写出烯烃 C_6H_{12} 所有的同分异构体及其系统命名的名称,并指出哪些有顺反异构体。

2. 写出下列各基团或化合物的构造式。

(1) 乙烯基 　　(2) 丙烯基 　　(3) 烯丙基

(4) 异丙烯基 　　(5) 顺-4-甲基-2-戊烯 　　(6) (E)-3,4-二甲基-3-庚烯

(7) (Z)-3-甲基-4-异丙基-3-庚烯

3. 某化合物的分子式为 C_5H_{10},能吸收 1mol 氢气,与酸性高锰酸钾溶液反应,只生成 1mol 的含 4 个碳原子的酸,但经臭氧氧化还原水解后,得到两个不同的醛。试推测其可能的构造式,这个化合物有无顺反异构体存在?

4. 某烃 C_6H_{12} 能使溴水褪色,能溶于浓硫酸,催化氢化得正己烷,用过量的高锰酸钾溶液使其氧化,得到两个羧酸的混合物,写出此烃的构造式,并用反应式表示每步反应。

5. 完成下列各反应式(把正确答案填在题中括号内)。

(1) $CH_3CH=C\begin{smallmatrix}CH_3\\CH_3\end{smallmatrix} \xrightarrow{ICl} ($ 　　　$)$

(2) $CH_3CH_2CH=CH_2 \xrightarrow{(\ \ )} ($ 　　　$) \xrightarrow{(\ \ )} CH_3\underset{Cl}{CH}-\underset{OH}{CH}-\underset{Cl}{CH_2}$

(3) $(CH_3)_2C=CHCH_3 \xrightarrow[②\ H_2O_2,OH^-]{①\ B_2H_6} ($ 　　　$)$

(4) $($ 　　　$) \xrightarrow[H_2O]{O_3\ \ Zn} CH_2O+CH_3COCH_3+CH_3COCHO$

(5) 环己烯基-CH=CH₂ $\xrightarrow[高温]{Br_2} ($ 　　　$)$

1. 命名化合物或由化合物写出其结构式。

(1)
$$\begin{array}{c} C_2H_5 \quad\quad H \\ \diagdown\!\!\!\!\diagup \\ \diagup\!\!\!\!\diagdown \\ C_2H_5 \quad\quad H \end{array}$$

(2)
$$\begin{array}{c} CH_3 \quad\quad H \\ \diagdown\!\!\!\!\diagup \\ \diagup\!\!\!\!\diagdown \\ C_2H_5 \quad\quad C_2H_5 \\ \quad\quad\quad CH_3 \end{array}$$

(3)
$$\begin{array}{c} CH_3\;CH_3 \quad\quad H \\ \diagdown\!\!\!\!\diagup \\ \diagup\!\!\!\!\diagdown \\ H \quad\quad H \quad C_2H_5 \end{array}$$

(4) (E)-3-甲基-4-异丙基-3-庚烯

解 (1) 选含有双键的最长碳链为主链,其名称为 2-乙基-1-丁烯。

(2) 选含有双键的最长碳链为主链,且要求双键的位号最小,其名称为(Z)-3,5-二甲基-3-庚烯。

(3) 两个双键都有顺反异构,名称为(2Z,4Z)-4-甲基-2,4-庚二烯。

(4)
$$\begin{array}{c} H_3C \quad\quad\quad CH_3 \\ \diagdown\!\!\!\!\diagup \\ H_3C \quad \diagup\!\!\!\!\diagdown \\ \quad\quad CH_3 \\ H_3C \end{array}$$ 。

2. 完成下列反应式,写出产物或所需试剂。

(1) $CH_3CH_2CH{=}CH_2 \xrightarrow{H_2SO_4}$

(2) $(CH_3)_2C{=}CHCH_3 \xrightarrow{HBr}$

(3) $CH_3CH_2CH{=}CH_2 \longrightarrow CH_3CH_2CH_2CH_2OH$

(4) $CH_3CH_2CH{=}CH_2 \longrightarrow CH_3CH_2\underset{\underset{OH}{|}}{C}H{-}CH_3$

(5) $(CH_3)_2C{=}CHCH_2CH_3 \xrightarrow[\text{② Zn,H}_2\text{O}]{\text{① O}_3}$

(6) $CH_2{=}CHCH_2OH \longrightarrow ClCH_2\underset{\underset{OH}{|}}{C}H{-}CH_2OH$

解 (1) $CH_3CH_2CH{=}CH_2 \xrightarrow{H_2SO_4} CH_3CH_2\underset{\underset{OSO_2OH}{|}}{C}H{-}CH_3$

(2) $(CH_3)_2C{=}CHCH_3 \xrightarrow{HBr} (CH_3)_2\underset{\underset{Br}{|}}{C}{-}CH_2CH_3$

(3) $CH_3CH_2CH{=}CH_2 \xrightarrow[\text{② H}_2\text{O}_2,\text{OH}^-]{\text{① BH}_3} CH_3CH_2CH_2CH_2OH$

(4) $CH_3CH_2CH{=}CH_2 \xrightarrow{H_2O/H^+} CH_3CH_2\underset{\underset{OH}{|}}{C}H{-}CH_3$

(5) $(CH_3)_2C$=$CHCH_2CH_3$ $\xrightarrow[\text{② Zn, H}_2\text{O}]{\text{① O}_3}$ $CH_3COCH_3 + CH_3CH_2CHO$

(6) CH_2=$CHCH_2OH$ $\xrightarrow{\text{Cl}_2/\text{H}_2\text{O}}$ $ClCH_2CH$—CH_2OH
$\qquad\qquad\qquad\qquad\qquad\qquad\quad$ |
$\qquad\qquad\qquad\qquad\qquad\qquad\quad$ OH

3. 分子式为 C_5H_{10} 的化合物 A,与 1 分子氢作用得到 C_5H_{12} 的化合物。A 在酸性溶液中与高锰酸钾作用得到一个含有 4 个碳原子的羧酸。A 经臭氧氧化并还原水解,得到两种不同的醛。推测 A 的可能结构,用反应式简要说明推断过程。

解 认真阅读题目,充分利用题中所给出的各种信息,分析过程如下:

(1) 由分子式可知,该化合物只含有一个双键或环,也可以利用经验公式计算分子中所含的双键数:

$$\mu=(2C+2+N-H-Cl)/2=(10-10+2)/2=1$$

(2) 由 A 在酸性溶液中与高锰酸钾作用生成少一个碳的羧酸得知,双键在末端,属于末端烯烃。

(3) 由 A 经臭氧氧化并还原水解,得到两种不同的醛,证实了这是末端烯烃。同时没有酮生成,更进一步说明第二个双键碳原子上只连有一个烷基。

(4) 根据推断,写出可能的结构

$\qquad\qquad\qquad$ ⌇⌇⌇⌇ 或 ⌇⌇⌇

(5) 验证

$\qquad$ ⌇⌇⌇ $\xrightarrow{\text{KMnO}_4/\text{H}^+}$ ⌇⌇COOH $+ CO_2$

$\qquad$ ⌇⌇⌇ $\xrightarrow{\text{KMnO}_4/\text{H}^+}$ HOOC⌇ $+ CO_2$

$\qquad$ ⌇⌇⌇ $\xrightarrow[\text{② Zn/H}_2\text{O}]{\text{① O}_3}$ ⌇⌇CHO $+$ HCHO

$\qquad$ ⌇⌇⌇ $\xrightarrow[\text{② Zn/H}_2\text{O}]{\text{① O}_3}$ OHC⌇ $+$ HCHO

(6) A 的结构可能是

$\qquad\qquad\qquad$ ⌇⌇⌇⌇ 或 ⌇⌇⌇

4. 如何用 IR 光谱区别环己醇和环己酮?

解 根据羟基和羰基的特征吸收可知:环己醇在 $3200\sim3600\text{cm}^{-1}$ 处有强而宽的吸收峰;环己酮在 1720cm^{-1} 处有强的吸收峰。

第4章 炔烃、共轭二烯烃和紫外光谱

4.1 知 识 要 点

4.1.1 炔烃的结构与命名

含有碳碳叁键(C≡C)的碳氢化合物称为炔,命名与烯烃相似,为某炔。当分子中同时含有双键和叁键时,该化合物称为烯炔。它的命名首先选取双键和叁键最长碳链为主链,位次的编号常使双键的位次最小,命名为某烯炔。

4.1.2 炔烃的性质

1) 亲电加成反应

(1) 加氢。烯烃单独加氢比炔烃单独加氢要完全,而且反应速率大约是炔烃的 10 倍。若是混合物,则由于炔烃比烯烃具有更大的不饱和性以及炔烃在催化剂表面的吸附作用很强,阻止了烯烃在催化剂表面的吸附,从而使得炔烃比烯烃更容易催化加氢。

(2) 加卤素和卤化氢。不对称炔烃加卤化氢遵循马氏规则。但当反应混合物中有过氧化物存在时,与溴化氢加成时按反马氏规则进行。

(3) 加水。炔烃加水时,首先形成烯醇,然后重排生成醛或酮。

2) 亲核加成反应

(1) 加醇。在碱存在的情况下乙炔和醇反应生成乙烯基醚类化合物。

(2) 加氢氰酸。在催化剂存在的情况下,炔烃和氢氰酸发生亲核加成反应,烯烃一般不容易发生该反应。

3) 氧化反应

炔烃和强氧化剂作用,发生断键反应,从获得的产物可以推测原化合物的构造式。

4) 活泼氢的反应

炔烃的活泼氢可以被取代,生成金属炔化物,常见的炔化物为炔化银、炔化铜和炔化钠,该反应在有机合成上为增长碳链的方法之一。利用炔化银(铜)的生成,可以鉴别化合物中是否含有端基炔键。

4.1.3 共轭二烯烃

1) 共轭二烯烃的结构

两个中间以一个单键相连的二烯烃称为共轭二烯烃,在共轭二烯烃中,成键电子云不是局限在任意两个碳原子之间,而是在整个分子中。这种分子中的电子可以在较为广泛的区域中运动的现象称为电子离域现象。这个特殊整体称为共轭体系。

2) 共轭二烯烃的性质

(1) 1,2-加成和1,4-加成。

（2）Diels-Alder 反应。共轭二烯烃与二烯亲和物发生 1,4-加成反应称为 **Diels-Alder 反应**，也称双烯合成。

Diels-Alder 反应的反应物分为两部分：一部分提供共轭双烯，称为**双烯体**；另一部分提供不饱和键，称为**亲双烯体**。常见的亲双烯体有氯乙烯、丙烯醛、丙烯酸酯、顺丁烯二酸酐以及不饱和二酸酯等。该类反应的反应条件：反应在加热或光照下进行，反应过程中不需催化剂，无中间体生成，一步完成。反应产物相当于单烯烃对共轭二烯烃的 1,4-加成。当单烯烃上连有—NO_2、羰基、酰基等吸电子基时，反应易于发生。

4.1.4 诱导效应和共轭效应

1）诱导效应

诱导效应是指在有机化合物中，由于受到电负性不同的取代基团的影响，整个分子中的电子云按取代基的电负性所确定的方向而偏移的效应。用 I 来表示诱导效应，饱和 C—H 键的诱导效应规定为零，当基团或原子的电负性大于碳时，表现为吸电子诱导，以—I 表示；当基团或原子的电负性小于碳时，表现为给电子诱导，以+I 表示。

2）共轭效应

共轭效应是指在共轭体系中原子间的相互影响，包括 π-π 共轭、p-π 共轭。共轭效应一般用 C 表示。我们把 π 电子与 π 电子之间的相互作用称为 π-π 共轭，p 电子和 π 电子之间的相互作用称为 p-π 共轭。按照基团或原子的电负性不同，共轭效应也分为给电子共轭效应（+C）和吸电子共轭效应（—C）。

3）超共轭效应

碳碳双键相连的饱和碳原子的 C—H σ 键可与 π 键产生微弱的共轭作用称为 σ-π 超共轭效应，碳正离子和碳自由基（均为 sp^2 杂化）的 p 轨道与饱和碳原子的 C—H σ 键产生的微弱共轭作用称为 σ-p 超共轭效应。

4.2 单元练习

1. 用系统命名法命名下列各化合物或根据下列化合物的命名写出相应的结构式。

（1）$(CH_3)_2CHC≡CC(CH_3)_3$

（2）$CH_2=CHCH=CHC≡CH$

（3）$CH_3CH=CHC≡CC≡CH$

（4）环己基乙炔

（5）（E）-2-庚烯-4-炔

（6）3-仲丁基-4-己烯-1-炔

2. 从乙炔合成下列化合物（其他有机、无机试剂任选）。

（1）1-戊炔　　（2）2-己炔　　（3）$CH_3CH_2CH_2CH_2Br$　　（4）2,2-二氯丁烷

3. （1）写出 $HC{\equiv}CCH_2CH_2CH_3 \longrightarrow H_2C{=}CHCH{=}CHCH_3$ 的反应步骤。

（2）写出 $(CH_3)_2CHCHClCH_2CH{=}CH_2 + KOH/$醇 的反应产物。

（3）写出 $H_2C{=}CHCH_2CH(OH)CH_3$ 酸催化脱水时的主要产物和次要产物。

（4）$^{14}CH_3CH{=}CH_2$ 进行烯丙基游离基溴代。反应产物是否有标记的 $H_2C^{14}{=}CHCH_2Br$？解释其原因。

4. 写出以下（A）～（H）所代表的化合物的结构式。

（1）$HC{\equiv}CCH_2CH_2CH_3 \xrightarrow{[Ag(NH_3)_2]^+} (A) \xrightarrow{HNO_3} (B)$

（2）$CH_3C{\equiv}CH \xrightarrow{CH_3MgBr} (C,气体) + (D) \xrightarrow{CH_3I} (E)$

（3）$CH_3CH_2C{\equiv}CH + NaNH_2 \longrightarrow (F) \xrightarrow{C_2H_5I} (G) \xrightarrow{H_3O^+,Hg^+} (H)$

5. 某分子式为 C_6H_{10} 的化合物，加 2mol H_2 生成 2-甲基戊烷，在 H_2SO_4-$HgSO_4$ 的水溶液中生成羰基化合物，但与 $AgNO_3$ 的氨溶液不发生反应。试推测该化合物的结构式。

6. 用化学方法分离或提纯下列各组化合物。

（1）用化学方法分离 1-癸烯和 1-癸炔的混合物。

（2）用化学方法除去环己烷中的少量 3-己炔和 3-己烯。

4.3　典型题精解

1. 为什么 $CH{\equiv}CH$ 的酸性大于 $CH_2{=}CH_2$ 的酸性？

解　在 $CH{\equiv}CH$ 中碳原子以 sp 杂化，而 $CH_2{=}CH_2$ 中碳原子以 sp^2 杂化，sp 杂化的电负性较 sp^2 大，C_{sp}—H 键极性大于 C_{sp^2}—H 键，所以乙炔的酸性大于乙烯的酸性。

2. 写出 1,3-丁二烯及 1,4-戊二烯分别与 1mol HBr 或 2mol HBr 的加成产物。

解　1,3-丁二烯为共轭二烯烃，加成时既有 1,2-加成产物又有 1,4-加成产物，而 1,4-戊二烯属于孤立二烯烃，加成时遵循马氏规则。

$$CH_2{=}CHCH{=}CH_2 \xrightarrow{HBr} \underset{\underset{Br}{|}}{CH_3CH}{-}CH{=}CH_2 + CH_3CH{=}CHCH_2Br$$

$$CH_2{=}CHCH{=}CH_2 \xrightarrow{2HBr} \underset{\underset{Br}{|}\ \ \underset{Br}{|}}{CH_3CH}{-}CH{-}CH_3 + \underset{\underset{Br}{|}\qquad\underset{Br}{|}}{CH_3CH}{-}CH_2{-}CH_2$$

$$CH_2{=}CHCH_2CH{=}CH_2 \xrightarrow{HBr} \underset{\underset{Br}{|}}{CH_3CH}{-}CH_2CH{=}CH_2$$

$$CH_2{=}CHCH_2CH{=}CH_2 \xrightarrow{2HBr} \underset{\underset{Br}{|}\qquad\underset{Br}{|}}{CH_3CH}{-}CH_2{-}CH{-}CH_3$$

3. 用化学方法区别下列各组化合物。

（1）丙烷、丙烯和丙炔　　（2）1-丁炔、2-丁炔和 1,3-戊二烯

解 (1)
$$\left.\begin{array}{l}CH_3C\equiv CH\\ CH_3CH=CH_2\\ CH_3CH_2CH_3\end{array}\right\}\xrightarrow{Br_2/CCl_4}\left\{\begin{array}{l}+\\ +\\ -(不褪色)\end{array}\right.\xrightarrow{[Ag(NH_3)_2]NO_3}\left\{\begin{array}{ll}+&（白色沉定）\\ -&（不反应）\end{array}\right.$$

(2)
$$\left.\begin{array}{l}\\ \\ \end{array}\right\}\xrightarrow{顺丁烯二酸酐}\left\{\begin{array}{l}-\\ -\\ +（白色沉淀）\end{array}\right.\xrightarrow{[Ag(NH_3)_2]NO_3}\left\{\begin{array}{ll}+&（白色沉淀）\\ -&（不反应）\end{array}\right.$$

4. 合成题。

(1) 以丙烯为唯一碳源合成
$$\begin{array}{cc}CH_3CH_2CH_2& H\\ \diagdown&\diagup\\ C=C\\ \diagup&\diagdown\\ H&CH_3\end{array}；$$

(2) 以乙炔、丙烯为原料合成
$$\underset{\underset{O}{\parallel}}{\bigcirc\!\!-\!CH_2CCH_3}。$$

解 (1) 利用炔钠与卤代烷的增碳反应先生成相应的炔烃,而后还原得到反式烯烃。

$$CH_3CH=CH_2\xrightarrow[-O-O-]{HBr}CH_3CH_2CH_2Br$$

$$CH_3CH=CH_2\xrightarrow{Br_2}\underset{\underset{Br}{\mid}}{CH_3CH-CH_2Br}\xrightarrow{NaNH_2}CH_3C\equiv CH\xrightarrow{NaNH_2}CH_3C\equiv CNa$$

$$\xrightarrow{CH_3CH_2CH_2Br}CH_3CH_2CH_2C\equiv CCH_3\xrightarrow[液氨]{Na}\begin{array}{cc}CH_3CH_2CH_2& H\\ \diagdown&\diagup\\ C=C\\ \diagup&\diagdown\\ H&CH_3\end{array}$$

(用氨基钠还原得到反式烯烃,催化加氢则得到顺式产物)

(2) 考虑环合成反应——Diels-Alder 反应,制备亲双烯体。

$$2CH\equiv CH\longrightarrow H_2C=CHC\equiv CH\xrightarrow[Lindlar\ 催化剂]{H_2}H_2C=CHCH=CH_2$$

$$\left.\begin{array}{l}CH\equiv CH\xrightarrow[NH_3]{Na}HC\equiv CNa\\ CH_3CH=CH_2\xrightarrow[h\nu]{Cl_2}\underset{\underset{Cl}{\mid}}{CH_2CH=CH_2}\end{array}\right\}\longrightarrow CH\equiv CCH_2CH=CH_2$$

$$\xrightarrow[H_2O]{HgSO_4,H_2SO_4}\underset{\underset{O}{\parallel}}{CH_3-CCH_2CH=CH_2}\xrightarrow[\triangle]{}\underset{\underset{O}{\parallel}}{\bigcirc\!\!-\!CH_2CCH_3}$$

5. 某化合物 A 的分子式为 C_5H_8,在液氮中与 $NaNH_2$ 作用后,再与 1-溴丙烷作用,生成分子式为 C_8H_{14} 的化合物 B,用 $KMnO_4$ 氧化 B 得分子式为 $C_4H_8O_2$ 的两种不同的酸 C 和 D。A 和稀 $H_2SO_4/HgSO_4$ 水溶液作用,可生成酮 E($C_5H_{10}O$)。试写出 A～E 的构造式。

解 根据题目所给条件,计算 A 的不饱和度为 2。从 A 可与 NaNH$_2$ 反应后再与 1-溴丙烷反应来看,A 应为端炔。从 B 氧化得到两种不同的酸来看,A 应有支链,推测为

A.　CH$_3$CHC≡CH
　　　|
　　　CH$_3$

B.　CH$_3$CHC≡CCH$_2$CH$_2$CH$_3$
　　　|
　　　CH$_3$

C.　CH$_3$CH$_2$CH$_2$COOH

D.　CH$_3$CHCOOH
　　　|
　　　CH$_3$

E.　　　　O
　　　　　‖
　　　CH$_3$CHCCH$_3$
　　　|
　　　CH$_3$

第5章 脂 环 烃

5.1 知识要点

5.1.1 脂环烃分类和命名

1）分类

2）命名

（1）环烷烃。根据环烷烃分子中成环碳原子数目，称为环某烷，有取代基时把取代基的名称写在环烷烃的前面，取代基位次按"最低系列"原则列出，基团顺序按"次序规则"小的优先列出。

（2）不饱和脂环烃。以不饱和碳环作为母体称为环某烯，侧链作为取代基，编号时，两个双键碳或叁键碳必须编为连续号码。

（3）桥环化合物。分子中含有两个碳环的化合物称为双环化合物。如果两个环共用两个或更多的碳原子的双环化合物称为桥环化合物。命名时，根据组成环的碳原子总数命名为"某烷"，加上词头"双环"，再把各"桥"所含碳原子的数目，按由大到小的次序写在"双环"和"某烷"之间的方括号内。如果环上有取代基，编号从一个桥头碳原子开始编起，先编最长的桥至第二个桥头；再编余下的较长的桥，回到第一个桥头；最后编最短的桥。

（4）螺环化合物。分子中含有两个环共用一个碳原子的双环化合物称为螺环化合物，两个环共用的碳原子称为螺原子。命名时，根据成环碳原子的总数称为螺某烷，在方括号中按由小到大的顺序，标出各碳环中除螺碳原子以外的碳原子数目。如环上有取代基时从较小环中与螺原子相邻的一个碳原子开始编号。

5.1.2 环烷烃的结构与化学性质

1）环己烷与取代环己烷的优势构象——椅式构象

对于一取代化合物，取代基 e 键为优势构象；对于含有两个以上取代基的环己烷，根据取代基的位置、大小和顺反决定，其 e 键最多的、大的基团占据 e 键的构象为优势构象。

注意：写出某物质的最稳定构象时，不能把所有的取代基都放在 e 键，要看取代基的顺反情况而定。例如，顺-1,4-二甲基环己烷的最稳定构象是一个甲基在 a 键，一个甲基在 e 键，只有这样才是顺式。如果把两个甲基都写在 e 键，那就是反式了。反式和顺式是顺反异构体，两者是不同物质，它们不可能相互转化，因此写出最稳定构象时一定要尊重原化合物的顺反构型。

2) 化学性质

(1) 环烷烃的加成开环反应。在一定的条件下,小环环烷烃与氢、卤素、卤化氢发生加成,开环生成相应的烷烃、端基二卤代烃和卤代烃,随环的稳定性不同,反应条件有所不同。溴的加成有明显的颜色变化(由棕红色变成无色),因此可用来鉴别环丙烷及其衍生物。烷基取代环丙烷加成开环的位置在含 H 最多和最少的两个碳之间;与 HX 加成符合马氏规则。

(2) 卤代反应。在光照或高温条件下,环烷烃发生游离基取代反应。分子中只有一种氢被取代,产品单一,可用于有机合成。

5.2 单 元 练 习

1. 命名下列化合物或写出结构式。

(1)

(2)

(3)

(4)

(5)

(6)

(7) 环戊基甲酸

(8) 4-甲基环己烯

(9) 反-1-甲基-4-叔丁基环己烷

(10) 5,6-二甲基二环[2.2.1]-2-庚烯

(11) 1-甲基-3-乙基环戊烷

(12) 2,3-二甲基-8-溴螺[4.5]癸烷

2. 完成下列反应。

(1)

(2)

(3)

(4)

(5)

(6)

19

(7) —CH₂CH₃ ＋ HBr ⟶

3. 用化学方法鉴别下列化合物。

(1) 苯乙炔, 环己烯, 环己烷

(2) 2-丁烯 , 1-丁炔 , 乙基环丙烷

4. 合成题。

(1) 以乙炔和丙烯为原料合成

（带—CH₂Cl取代基的环己烷结构）。

(2) 以必要的烯烃为原料合成

（双环［2.2.1］结构带—CH₂CN取代基）。

5. 推测结构。

某烃 C_3H_6(A)在低温时与氯气作用生成 $C_3H_6Cl_2$(B),在高温时则生成 C_3H_5Cl(C)。C 与碘化乙基镁作用得 C_5H_{10}(D),后者与 NBS(溴代丁二酰亚胺)作用生成 C_5H_9Br(E)。E 与氢氧化钾的乙醇溶液共热,主要生成 C_5H_8(F),后者又可与丁烯二酸酐发生双烯合成得 G。试推测由 A～G 的结构式。

5.3 典型题精解

1. 命名

（双环结构，带两个CH₃和一个CH₃取代基的结构）。

解 根据双环化合物命名原则,再考虑取代基位次尽可能小。其命名为 2,8,8-三甲基-二环［3.2.1］-6-辛烯。

2. 用化学方法鉴别下列化合物,并写出有关反应。

A. （环己烷）   B. （双环结构）   C. （环己烷带取代）   D. （炔烃链状结构）

解 鉴别时根据化合物的性质,选择最容易进行的反应:

（鉴别流程图：A、B、C、D 经 Br_2/CCl_4 分为"不褪色"(C) 和"褪色"；褪色者经 $\dfrac{KMnO_4}{H^+}$ 分为"不褪色"(B) 和"褪色"；褪色者经 $[Ag(NH_3)_2]NO_3$ 分为"沉淀"(D) 和"无沉淀"(A)）

3. 写出 （环己烷带两个CH₃和一个C(CH₃)₃取代基的结构） 最稳定的构象。

解 环己烷最稳定的构象为椅式,大基团在 e 键能量低。故最稳定的构象为

4. 比较下列两组化合物的稳定性。

解 比较稳定性实际上是比较构象的稳定性,首先要求画出稳定构象然后比较。

第6章 芳 香 烃

6.1 知 识 要 点

6.1.1 芳香烃的命名

当苯环上连有简单的—R、—NO_2、—NO、—X时,苯作为母体。环上连有复杂烷基、烯或炔等不饱和基团及除了—NO_2、—NO、—X外其他官能团时,苯作为取代基。环上连有两个或两个以上不同取代基时,优先官能团与芳环共同决定母体名称,其余作为取代基。

6.1.2 苯的结构

苯分子具有平面结构。杂化轨道理论认为苯环中碳原子均为 sp^2 杂化,每个碳原子的三个 sp^2 杂化轨道分别与另外两个碳原子的 sp^2 杂化轨道形成两个 C—C σ键以及与一个氢原子的 s 轨道形成 C—H σ键,未杂化的 p 轨道相互平行且垂直于 σ键所在平面,它们侧面互相重叠形成闭合大 π 键的共轭体系。

6.1.3 单环芳烃的化学性质

(1) 亲电取代反应。主要包括卤代、硝化、磺化、烷基化和酰基化。磺化反应为可逆反应,在有机合成中可用于占位。烷基化反应的产物常有异构化现象,生成多取代产物。酰基化反应不发生异构现象,产物单一。苯环上连有强吸电子基团时,不易发生烷基化和酰基化反应。

(2) 芳烃侧链卤代和氧化。烷基苯在加热或光照条件下,可与卤素发生侧链 α-氢的自由基取代;在氧化剂作用下可被氧化为苯甲酸,且无论侧链长短,只要含有 α-氢,产物均为苯甲酸,无 α-氢时,侧链不被氧化。

6.1.4 苯环上亲电取代反应的活性和定位效应

与苯相比,当芳环上连有给电子基时,亲电取代反应活性增强,这些基团称为致活基团(卤素除外);当芳环上连有吸电子基时,亲电取代反应活性减弱,这些基团称为致钝基团。

(1) 一元取代苯通过亲电取代反应引入第二个取代基。致活基团及卤素使第二个取代基主要进入原定位基团的邻、对位,致钝基团使第二个取代基主要进入其间位。

(2) 二元取代苯通过亲电取代反应引入第三个取代基。两个取代基定位作用一致时,共同决定。定位作用不一致时,两个取代基属同一类时,主要由定位作用强的取代基决定;两个取代基属不同类时,主要由邻、对位定位基定位。此外,还应该考虑空间位阻。

6.1.5 Hückel 规则

化合物具有芳香性必须符合下列条件:①化合物必须有一个共轭环,环内所有原子都能提供一个 p 轨道且互相平行而参与共轭;②环内共轭 π 电子总数符合 $4n+2$,$n=0$,$1,2,3,\cdots$。

6.2 单元练习

1. 命名下列各化合物。

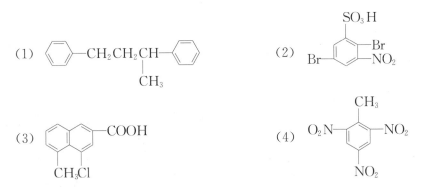

2. 比较下列化合物苯环上溴化反应活性的大小。

(1) H_3C——⟨苯⟩——CH_3 ， HOOC——⟨苯⟩——COOH ， ⟨苯⟩——CH_3 ， HOOC——⟨苯⟩——CH_3

(2) ⟨苯⟩ ， ⟨苯⟩——Br ， ⟨苯⟩——NO_2 ， ⟨苯⟩——CH_3

3. 完成下列反应。

(1) ⟨苯⟩ $\xrightarrow[AlCl_3]{(CH_3)_2CHCl}$ ( ) $\xrightarrow{KMnO_4}$ ( )

(2) ⟨苯⟩——CH_3 $\xrightarrow[Fe]{Br_2}$ ( ) $\xrightarrow[h\nu]{Cl_2}$ ( )

(3) ⟨苯⟩ $\xrightarrow[AlCl_3]{CH_3CH_2COCl}$ ( ) $\xrightarrow[HCl]{Zn-Hg}$ ( )

(4) ⟨苯⟩—O—C(=O)—⟨苯⟩ $\xrightarrow[H_2SO_4]{HNO_3}$ ( )

(5) C_2H_5——⟨苯⟩——Br $\xrightarrow[\triangle]{KMnO_4}$ ( ) $\xrightarrow[H_2SO_4]{HNO_3}$ ( )

(6) ⟨萘⟩ $\xrightarrow[H_2SO_4]{HNO_3}$ ( ) $\xrightarrow{浓\ H_2SO_4}$ ( )

4. 以甲苯及必要的无机试剂为原料合成下列化合物。

(1) 邻硝基苯甲酸 (COOH, NO_2) (2) 间氯苯甲酸 (COOH, Cl) (3) (COOH, NO_2, Br)

5. 用简便化学方法鉴别下列化合物。
(1) 甲苯,1-己炔,1,3-环己二烯,环己烯,苯
(2) 苯乙炔,乙基环丙烷,环己烯

— 23 —

1. 用 Hückel 规则判断下列化合物是否具有芳香性。

(1) S　　(2)　　(3)　　(4)　　(5)

解 (1) 有芳香性。每个 C=C 提供 2 个 π 电子，硫原子(S)提供一对电子，形成 6 个电子的环闭共轭芳香体系。

(2) 无芳香性。其中一个具有 sp^3 杂化的碳原子阻碍首尾 p 轨道的重叠，不能形成单环共轭体系。

(3) 有芳香性。

(4) 有芳香性。可写成由环庚三烯正离子和环戊二烯负离子及其相应的共振结构式组成，符合 Hückel 规则。

(5) 无芳香性。

2. 为什么环戊二烯中 CH_2 上 H 的酸性比 1,3-环己二烯中 CH_2 上 H 的酸性大？

解 环戊二烯中 CH_2 上的氢以 H^+ 离去后，形成环戊二烯负离子，碳原子由 sp^3 杂化转变为 sp^2 杂化，负离子中的 1 对未共用电子对在 p 轨道上，与 2 个烯键构成 6 个 π 电子的单环共轭体系，是具有芳香性的稳定体系。而 1,3-环己二烯中 CH_2 上的氢以 H^+ 离去后，尽管能构成具有 6 个 π 电子的共轭体系，但还有一个 CH_2 上的碳原子是以 sp^3 杂化轨道成键，它阻止闭环共轭体系的形成，所以 1,3-环己二烯负离子是相对不稳定的非芳香性体系。因此环戊二烯中 CH_2 上 H 的酸性要比 1,3-环己二烯中 CH_2 上 H 的酸性大。

3. 用箭头标出下列化合物最可能发生亲电取代反应的位置，并写出作出预测的理由。

解 二取代苯的定位规则：

规则 1：如果两个基团的定位作用一致，可从任一基团的定位作用得出二取代苯的定位作用。

规则 2：如果邻、对位定位基和间位定位基的定位作用不一致，二取代苯的定位作用由邻、对位定位基决定。

规则 3：当强的致活基团与弱的致活基团相互竞争时，由强的致活基团决定定位。

规则 4：当两个弱的致活基团或致钝基团，或者两个强的致活基团或致钝基团相互竞争时，得到两种异构体的量都很大，都不占优势。

规则 5:由于空间位阻,取代很少发生在处于间位的两取代基之间的位置。

规则 6:取代很少发生在体积较大的邻、对位定位基(如叔丁基)的邻位。

4. 比较下列化合物进行硝化反应的活性次序。

(1) A. $\langle\bigcirc\rangle$—F   B. $\langle\bigcirc\rangle$—OCH$_3$ C. $\langle\bigcirc\rangle$—CH$_3$

D. $\langle\bigcirc\rangle$—NO$_2$ E. $\langle\bigcirc\rangle$—COCH$_3$

(2) A. $\langle\bigcirc\rangle$—CH$_3$ B. $\langle\bigcirc\rangle$—CH$_2$NO$_2$

C. CH$_3$—$\langle\bigcirc\rangle$—NO$_2$ D. $\langle\bigcirc\rangle$—NO$_2$

解 (1) B>C>A>E>D。

因为—OCH$_3$、—CH$_3$ 为致活的定位基,亲电取代反应比苯快,且前者作用大于后者;—F、—COCH$_3$ 和—NO$_2$ 为致钝基团,且三者作用强度逐渐加强(氟原子因为同时还存在给电子的 p-π 共轭效应,所以比后两者的吸电子作用弱)。

(2) A>B>C>D。

因为硝基为吸电子基,甲基为供电子基。B 中—NO$_2$ 对苯环的作用为吸电子诱导效应,比 C、D 中硝基对苯环的共轭吸电子作用弱得多。

5. 某芳烃 A,分子式为 C_9H_8,与[Cu(NH$_3$)$_2$]Cl 水溶液反应生成红色沉淀,在温和条件下,A 用 Pd/C 催化加氢得 B,分子式为 C_9H_{12}。B 经酸性 KMnO$_4$ 氧化生成酸性物质 C,分子式为 $C_8H_6O_4$,C 经加热失水得 D,分子式为 $C_8H_4O_3$,A 与 1,3-丁二烯反应得化合物 E,分子式为 $C_{13}H_{14}$,E 在 Pd/C 催化下脱氢得 2-甲基联苯,试推测 A~E 的结构式,并写出有关反应式。

解 A 的不饱和度为$(2\times9+2-8)/2=6$,分子内可能含苯环,除去苯环 4 个不饱和度,还有 2 个不饱和度,可能含炔键或两个烯键,或相应的碳环。与[Cu(NH$_3$)$_2$]Cl 水溶液反应生成红色沉淀,说明分子内具有—C≡CH 基团,从 B 和 C 的反应可知 A 为邻二取代苯,因

此 A 为 ![邻甲基苯乙炔结构式，苯环上有CH₃和C≡CH]。有关反应式如下:

First reaction series:

o-methylphenylacetylene (CH$_3$ / C≡CH on benzene) $\xrightarrow[\text{H}_2]{\text{Pd/C}}$ o-ethyltoluene (CH$_3$ / CH$_2$CH$_3$ on benzene) $\xrightarrow{\text{KMnO}_4}$ phthalic acid (COOH / COOH on benzene) $\xrightarrow{-\text{H}_2\text{O}}$ phthalic anhydride

(A) (B) (C) (D)

Second reaction series:

o-methylstyrene-type (CH$_3$ / C≡CH on benzene) $+ \text{CH}_2\!=\!\text{CH}\!-\!\text{CH}\!=\!\text{CH}_2 \longrightarrow$ (E) $\xrightarrow[-\text{H}_2]{\text{Pd/C}}$ 2-methylbiphenyl (CH$_3$ / C$_6$H$_5$ on benzene)

(E)

第7章 对映异构

7.1 知识要点

7.1.1 名词与概念

（1）立体异构。在有相同分子式的化合物分子中，原子或原子团互相连接的次序相同，但在空间的排列方式不同。

（2）偏振光。只在一个平面上振动的光称为偏振光。

（3）旋光性物质。在偏振光通过某物质时，能使偏振光的振动平面发生旋转的性质称为旋光性，具有旋光性的物质称为旋光性物质。

（4）手性分子。物质的分子与其镜像不能完全重叠，它们之间相当于左手和右手的关系，把这种特征称为物质的手性。具有手性的分子称为手性分子，手性分子具有旋光性，具有旋光性的分子一定是手性分子。

（5）手性碳原子。连有四个不同原子或原子团的碳原子，称为手性碳原子或不对称碳原子，用"C*"表示，是分子的不对称中心或手性中心。手性是指整个物质的性质，手性中心是指其中某一原子的性质。

（6）对称面。能将分子分成互为镜像两部分的平面称为分子的对称面。

（7）对称中心。从分子中任何一原子或原子团向分子的中心连线，延长此连线至等距离处，若出现相同的原子或原子团，该点称为分子的对称中心。对称面和对称中心统称为对称因素。

（8）外消旋体。等量对映体的混合物称为外消旋体，通常用"±"表示。外消旋体无旋光性，外消旋体与其左、右旋体的物理性质有差异，但化学性质基本相同。

（9）内消旋体。如果分子有两个或两个以上手性中心（手性碳原子），并有一个内在的对称面，这个分子称为内消旋体，它不具有旋光性。

（10）对映体和非对映体。彼此呈实物与镜像的对映关系，但又不能完全重叠的一对旋光异构体称为对映异构体，简称对映体。分子有手性，就存在对映异构体。对映异构体的物理性质和化学性质一般都相同，比旋光度相等，但旋光方向相反；不互为物像关系的旋光异构体称为非对映体，非对映体与对映体不同，非对映体之间的比旋光度大小和方向都无规律性联系，其他物理常数如熔点、沸点、折射率、标准自由能都可能不同。

7.1.2 构型表示的方法

表示旋光异构体构型的方法有模型、透视式和投影式。投影式除 Newman 投影式外，使用最方便的就是 Fischer 投影式。掌握 Fischer 投影式的关键是明确手性碳的四个化学键的伸展方向，清楚四个化学键的排布顺序。横键是侧向前伸展，而竖键是斜向后伸展。投影式可以进行等构型变换。在纸面上旋转180°或同一手性的原子或基团交换偶数次时，其构型不变。当离开纸面翻转或在纸面上旋转90°的奇数倍时，或同一手性碳的原子或基团交换奇数次时，得到的构型与原构型相反。

7.1.3　只含一个手性碳原子化合物的旋光异构与构型标记的方法

1）D、L 法

D、L 法是人为规定的以甘油醛为参照物的标记手性碳的方法。当远离醛基的手性碳的—OH 投影在右侧（规范式投影式）为 D 型，—OH 投影在左侧的为 L 型。

2）R、S 法

R、S 法是使用更加广泛的手性碳标记方法，其方法如下：

（1）将手性碳上四个不同基团按顺序规则从大到小排队（排序规则见第 3 章烯烃顺反异构）。

（2）从远离最小基团的方向观察分子（最小基团多数为氢原子），观察手性碳上的其余 3 个基团，若这 3 个基团从大到小按顺时针方向排列，构型是 R；按逆时针方向排列，构型是 S。当表示 Fischer 投影式时，确定方法：①当手性碳上的氢或最小基团位于竖键上，其余 3 个基团由大到小的排列顺序为顺时针，则此手性碳为 R 构型，若为逆时针，则为 S 构型；②若氢或最小基团位于横键上，则其余 3 个基团从大到小排列，若是顺时针则为 S 构型，若为逆时针则为 R 构型。

7.1.4　含两个手性碳原子化合物的旋光异构

（1）含两个不相同手性碳原子化合物的旋光异构。共有四个旋光异构体（两对对映体）。两组对映体之间，由于不呈实物与镜像关系，是非对映的，互为非对映异构体。

（2）含两个相同手性碳原子化合物的旋光异构。如果分子有两个相同的手性中心（手性碳原子），则其有一个内在的对称面，两个对映体能重叠，是同一化合物，这个分子则为内消旋体，它不具有旋光性。

7.1.5　不含手性碳原子化合物的旋光异构

不含手性碳但具有手性的物质也具一对对映异构体。不含手性碳的旋光活性物质有聚集二烯型、联苯型和一些更复杂（如手把型）的不对称化合物。另外，含手性硅、手性氮、手性磷的化合物也具有旋光活性。

7.2　单元练习题

1. 回答下列问题。

（1）分子具有旋光性的充分必要条件是什么？

（2）含手性碳的化合物是否一定具有旋光异构体？含手性碳的化合物是否一定具旋光性？举例说明。

（3）有旋光性是否一定具有手性？

（4）有手性是否一定有手性碳？

2. 命名下列化合物，指出下列化合物中手性碳的构型，用 R、S 标记。

（1）　$C_2H_5 \underset{Br}{\overset{H}{-\!\!\!\!\!\!|\!\!\!\!\!\!-}} C(CH_3)_3$

（2）　$CH_2{=}CH \underset{CH_3}{\overset{OH}{-\!\!\!\!\!\!|\!\!\!\!\!\!-}} H$

(3)

$$\begin{array}{c} CH_3 \\ H \underset{\displaystyle|}{\overset{\displaystyle|}{\rule{0pt}{0pt}}} Cl \\ CH_3 \underset{\displaystyle|}{\overset{\displaystyle|}{\rule{0pt}{0pt}}} H \\ Cl \end{array}$$

(4)

$$HC{\equiv}C\overset{\displaystyle CHO}{\underset{\displaystyle CH_3}{\rule{0pt}{0pt}}}H$$

3. 化合物 ⬡—CHCl—CH—⬡—Cl 中有几个手性碳? 它有几个旋光异构体?
（CH 下方为 Cl）

用 Fischer 投影式表示这些旋光异构体, 并指出哪些是互为对映体, 哪些是互为非对映体。

4. 化合物 A 分子式为 C_6H_{10}, 有光学活性, 与银氨络离子反应产生沉淀。A 经催化氢化后的分子式为 C_6H_{14}, 指出 A 的结构式。

5. 化合物 A 分子式为 $C_{20}H_{24}$, 能使溴的四氯化碳溶液褪色。A 经臭氧氧化只得到一种醛(4-苯基丁醛), A 与溴发生加成反应得到的是内消旋体 B, 写出 A、B 的构型式及可能的反应式。

7.3 典型题精解

1. 用 Fischer 投影式画出下列化合物的构型式。

(1) (R)-2-丁醇　　(2) (E)-2-氯-4-溴-2-戊烯　　(3) 内消旋-3,4-二硝基己烷

解 解答此类题目需熟练掌握 Fischer 投影式的应用规则以及 R、S 的命名法则。

(1) 主要考查 Fischer 投影式的应用规则以及 R、S 的命名法, —OH＞—C_2H_5＞—CH_3＞—H, 书写 Fischer 投影式时将 H 放在竖位, 其他三个基团按大小顺序顺时针排列。

(2) 需要掌握烯烃的 Z、E 命名法则, —Cl＞—CH_3, —C＞—H, 而 Fischer 投影式则按上述规则予以书写。

(3) 按照普通命名法则写出后, 注意分子内应具有对称面, 因此两个硝基应处于 Fischer 投影式同侧。

(1)

$$C_2H_5 \underset{\displaystyle OH}{\overset{\displaystyle H}{\rule{0pt}{0pt}}} CH_3$$

(2)

$$\underset{\displaystyle CH_3-\overset{\displaystyle|}{\underset{\displaystyle H}{C}}-Br}{\overset{\displaystyle H}{\underset{\displaystyle CH_3}{C}}}{=}\overset{\displaystyle Cl}{\rule{0pt}{0pt}}$$

(3)

$$\begin{array}{c} CH_3 \\ H {\rule[0.5ex]{1.2em}{0.4pt}} H \\ H {\rule[0.5ex]{1.2em}{0.4pt}} NO_2 \\ {\rule[0.5ex]{1.2em}{0.4pt}} NO_2 \\ H {\rule[0.5ex]{1.2em}{0.4pt}} H \\ CH_3 \end{array}$$

2. 下列各对化合物哪些属于对映体、非对映体、顺反异构体、构造异构体或同一化合物。

(1)

$$\begin{array}{c} CH_3 \\ H {\rule[0.5ex]{1.2em}{0.4pt}} OH \\ H {\rule[0.5ex]{1.2em}{0.4pt}} Br \\ CH_3 \end{array} \quad 和 \quad \begin{array}{c} Br \\ H {\rule[0.5ex]{1.2em}{0.4pt}} CH_3 \\ H {\rule[0.5ex]{1.2em}{0.4pt}} OH \\ CH_3 \end{array}$$

(2) ▢ 和 △—CH_3

(3)

28 页底　— 29 —

(4) 结构式 和 结构式

(5) 结构式 和 结构式

(6) 结构式 和 结构式

(7) H_3C ——结构—— CH_3 和 H_3C ——结构—— CH_3

解 (1)这对化合物为异构体,并且没有实物与镜像的对映关系,因此为非对映体(SR 和 RR)。

(2) 这对化合物一个为环丁烷,一个为环丙烷,属于构造异构中的碳架异构,因此为构造异构体(同分异构体)。

(3) 这对化合物右边碳链旋转,则与左边化合物互为实物与镜像的对映关系,因此为对映体。

(4) 这对化合物为异构体,并且没有实物与镜像的对映关系,因此为非对映体。

(5) 这对化合物属于立体异构中的顺反异构,因此互为顺反异构体。

(6) 这对化合物为异构体,并且没有实物与镜像的对映关系,因此为非对映体。

(7) 这对化合物旋转一定角度可以互相重合,并且化合物具有对称面,因此为同一化合物。

3. 命名下列化合物。

(1) Fischer投影式:$CH=CH_2$, H——Cl, C_2H_5

(2) Fischer投影式:CH_3, H——Cl, CH_2Cl, C_2H_5

(3) Fischer投影式:C_2H_5, H——Br, Cl——H, CH_3

(4) Fischer投影式:CH_3, H——Cl, H——Br, H——Br, C_2H_5

解 (1)该化合物首先按照系统命名法为 3-氯-1-戊烯,根据 Fischer 投影式的应用规则以及 R、S 的命名法则,—Cl>—CH=CH_2>—C_2H_5>H,从大到小为逆时针方向,并且 H 处在横键位置,因此化合物为 R 构型,整个化合物命名为 3R-3-氯-1-戊烯。

(2) 首先转化为 Fischer 投影式,再根据系统命名法和 R、S 的命名法则,命名为($2S$, $3R$)-2-甲基-1,3-二氯戊烷。

$$
\begin{array}{c}
CH_3 \\
ClCH_2 \overline{|} H \\
H \overline{|} Cl \\
C_2H_5
\end{array}
$$

(3) 根据系统命名法和 R、S 的命名法则,可将该化合物命名为(2S,3S)-2-氯-3-溴戊烷。

(4) 该化合物有三个手性中心。首先根据系统命名法命名该化合物为 2-氯-3,4-二溴己烷,然后根据 R、S 命名法则依次判断 C2,C3,C4 分别为 S(基团大小顺序为顺时针—Cl>C3>C1,H 在横键位置),S(基团大小顺序为顺时针,H 在横键位置),R(基团大小顺序为逆时针,H 在横键位置)构型,命名为(2S,3S,4R)-2-氯-3,4-二溴己烷。

第8章 卤 代 烃

8.1 知 识 要 点

8.1.1 卤代烃的命名

(1) 普通命名法。卤(代)某烃或某烃基卤。

(2) 系统命名法。①选母体:烃作母体,将 X 和烃中的支链一样作为取代基来命名;②编号:根据最低序列原则将主链编号;③配基:优先基团后列出。

8.1.2 卤代烃的化学性质

1) 亲核取代反应

由亲核试剂进攻带部分正电荷的碳原子引起的取代反应,称为亲核取代反应(nucleophilic substitution),以 S_N 表示。亲核试剂有 RO—,OH—,CN—,ROH,H_2O,NH_3 等。S_N 有两种机理,即单分子亲核取代反应 S_N1 和双分子亲核取代反应 S_N2。

S_N1 的过程分为两步:第一步,反应物发生键裂(电离),生成活性中间体碳正离子和离去基团;第二步,碳正离子迅速与试剂结合成为产物。总的反应速率只与反应物浓度成正比,而与试剂浓度无关。S_N2 为旧键断裂和新键形成同时发生的协同过程。反应速率与反应物浓度和试剂浓度都成正比。能生成相对稳定的碳正离子和离去基团的反应物容易发生 S_N1,中心碳原子空间阻碍小的反应物容易发生 S_N2。如果亲核试剂呈碱性,则亲核取代反应常伴有消除反应,两者的比例取决于反应物结构、试剂性质和反应条件。低温和碱性弱对 S_N 取代有利。S_N2 反应所得产物发生构型翻转,S_N1 反应则得到"外消旋化"产物(构型翻转和构型保持各占一半)。

2) 消除反应

从有机分子中除去一个小分子(如 HX、H_2O 等)的反应,称为消除反应(elimination),常用 E 表示。卤代烃的消除反应中,由于反应除去的是 β-碳上的 H,故这种消除反应又称 β-消除反应。卤代烷脱卤化氢时,氢原子主要从含氢最少的 β-碳原子脱去,生成双键碳原子上烃基最多的烯烃(Saytzeff 规则)。

3) 与金属的反应

卤代烃在无水乙醚中可与金属(如 Li、Na、K、Mg、Al、Cd 等)作用。其中与金属镁(Mg)生成烃基卤化镁(RMgX),又称 Grignard(格氏)试剂。C—Mg 键极性较强,故性质活泼,碳原子具有很强的亲核性,易发生多种反应,是有机合成中最重要的试剂之一,可增长碳链。须注意的是 Grignard 试剂的制备应避开带有活泼氢的物质。

8.1.3 卤代烃化学结构与活性的关系

(1) 考虑卤原子的影响,卤代烃的反应活性顺序为 RI>RBr>RCl。

(2) 考虑烃基结构的影响。卤代烃反应活性顺序通常是:烯丙型和苄型>孤立型和饱和型>乙烯型和苯型。孤立型卤代烃与饱和氯代烃活性类似,通常是:叔卤代烃>仲卤代烃

＞伯卤代烃。

根据结构与活性的关系,可以利用不同结构卤代烃与硝酸银醇溶液的反应生成卤化银沉淀的速率不同,来鉴别不同的卤代烃。

$$RX + AgNO_3 \xrightarrow{C_2H_5OH} RONO_2 + AgX\downarrow$$

烯丙型和苄型卤代烃、叔卤代烃和一般碘代烃在室温下就能迅速生成卤化银沉淀,伯、仲氯代烃和溴代烃要在加热下才能反应,乙烯型和苯型卤代烃即使加热也不发生反应。

8.2 单 元 练 习

1. 用系统命名法命名下列各化合物。

（1）$(CH_3)_2CCH_2C(CH_3)_3$ 下方 Br

（2）$(CH_3)_2CCH_2CH_2CHCH_3$ 下方 Br、Cl

（3）$Cl-C(CH_3)(CH_2CH_3)-CH(CH_3)_2$

（4）烯烃结构

（5）环己烷带 Br、Cl

（6）环己烯带 CH_3、I

2. 用反应式分别表示正丁基溴、α-溴代乙苯与下列化合物反应的主要产物。

（1）NaOH(水)　　　　（2）KOH(醇)　　　　（3）Mg、乙醚

（4）NaI/丙酮　　　　（5）(3)的产物＋CH≡CH　　　　（6）NaCN

（7）NH$_3$　　　　（8）CH$_3$C≡C$^-$Na$^+$　　　　（9）AgNO$_3$、醇

（10）C_2H_5ONa

3. 完成下列反应。

（1）苯环带 CHClCH$_3$ 和 Cl ＋H_2O $\xrightarrow{NaHCO_3}$

（2）$HO-CH_2CH_2CH_2Cl + HBr \longrightarrow$

（3）$HO-CH_2CH_2CH_2Cl + KI \xrightarrow{丙酮}$

（4）苯环带 Br 和 Cl ＋$Mg \xrightarrow{乙醚}$

（5）环己烯 ＋NBS $\xrightarrow{CCl_4}$

（6）苯环带 CH=CHBr 和 CH$_2$Cl $\xrightarrow{KCN}$

（7）$CH_3C≡CH + CH_3MgI \longrightarrow$

$$(8) \quad \overset{CH_3}{\bigcirc} + Br_2 \longrightarrow A \xrightarrow[\triangle]{NaOH/乙醇} B \xrightarrow{\quad} C$$

$$(9) \quad CH_3 \text{—} \bigcirc \text{—} Br \xrightarrow[无水乙醚]{Mg} A \xrightarrow{C_2H_5OH} B + C$$

$$(10) \quad (CH_3)_2HC \text{—} \bigcirc \text{—} NO_2 + Br_2 \xrightarrow{Fe} A \xrightarrow[Cl_2]{光} B$$

4. 写出下列化合物在浓 KOH 醇溶液中脱卤化氢的反应式,并比较反应速率的快慢。

(1) 3-溴环己烯　　　　(2) 5-溴-1,3-环己二烯　　　　(3) 4-溴环己烯

8.3　典型题精解

1. 按与硝酸银-乙醇(S_N1)反应活性顺序排列下面化合物。

(1) $C_6H_5CH_2Br$　　　　(2) $C_2H_5\text{—}\bigcirc\text{—}CH_2Br$　　　　(3) $CH_3CH_2CH_2Br$

(4) $CH_3CH_2CHBrCH_3$　　　(5) $\bigcirc\text{—}Br$　　　(6) $\bigcirc\text{—}Br$

解　S_N1 为单分子亲核取代反应,反应活性和速率主要是考虑碳正离子生成的难易和它们的稳定性,对于不同类型的反应底物,其 S_N1 反应活性顺序为烯丙基卤代烃,叔卤代烃＞仲卤代烃＞伯卤代烃＞桥头环卤代烷烃,而对于苄基型卤代烃,苯环上连有给电子基团有利于碳正离子的生成,对于环烷烃,则环张力越大,碳正离子越不易生成,因此正确答案应为(2)＞(1)＞(4)＞(3)＞(6)＞(5)。

2. 用简便化学方法鉴别下列几组化合物。

3-溴环己烯,　氯代环己烷,　碘代环己烷,　甲苯,　环己烷

解　这种类似的题目最重要的是要掌握各类化合物的化学反应特征,如烯烃与环烷烃可以用溴水区分。本题主要考查各类卤代烃以及环烷烃、甲苯的反应活性。因此可以选用 $AgNO_3$ 溶液进行区分,然后用氧化剂鉴定出甲苯和环烷烃。步骤如下:

3. 完成下列转化。

$$(1) \quad (CH_3)_2CHCH_2CH_2Cl \longrightarrow \begin{cases} (CH_3)_2CHCH_2CH_2Br \\ (CH_3)_2CHCH_2CH_2I \end{cases}$$

(2) $CH_3CH_2CH_2Cl \longrightarrow$

$$\begin{array}{c} \overset{HO}{\underset{Cl}{\longleftarrow}}\overset{|}{\underset{}{C}}\overset{Cl}{H_2C} \\[2mm] \overset{OH}{\underset{H_3C}{\longleftarrow}}\overset{|}{\underset{}{C}}H_2Cl \end{array}$$

(3) $\bigcirc\!-\!OH \longrightarrow \bigcirc\!-\!CH_3$

(4) $\bigcirc\!\!=\!\!-Br \longrightarrow \bigcirc\!\!=\!\!-CH_3$

(5) $CH_3CH_2CH_2Br \longrightarrow$

- $H_3C\!-\!\!\!\!\!\diagup\!\!\!\!\!\diagdown\!\!\!\!\!\diagup\!\!\!\!\!-CH_3$
- $CH_3CH_2CH_2D$
- $H_3C\!-\!\!\!\!\!\diagup\!\!\!\!\!\overset{O}{\underset{}{\diagdown}}\!\!\!\!\!CH_3$

解 (1)该题主要考查各卤代烃的转化,其中碘代物可通过 NaI-丙酮溶液反应得到,而溴代物可通过生成烯烃再用 HBr 加成,答案如下:

$$(CH_3)_2CHCH_2CH_2Cl \xrightarrow[\text{C}_2\text{H}_5\text{OH}]{\text{NaOH}} (CH_3)_2CHCH=CH_2 \xrightarrow[\text{ROOR}]{\text{HBr}} (CH_3)_2CHCH_2CH_2Br$$

$$(CH_3)_2CHCH_2CH_2Cl \xrightarrow{\text{NaI(丙酮)}} (CH_3)_2CHCH_2CH_2I$$

(2)产物为卤代醇,此类产物可以通过烯烃进行 α-卤代后再对烯烃加成实现。

$$CH_3CH_2CH_2Cl \xrightarrow{\text{NaOH/C}_2\text{H}_5\text{OH}} CH_3CH=CH_2 \xrightarrow{\text{Cl}_2/\text{H}_2\text{O}} CH_3\overset{\overset{\displaystyle OH}{|}}{C}HCH_2Cl$$

$$\Big\downarrow \text{500℃} \; Cl_2$$

$$CH_2ClCH=CH_2 \xrightarrow{\text{Cl}_2/\text{H}_2\text{O}} CH_2\overset{\overset{\displaystyle Cl \;\; OH}{|\;\;\;\;|}}{C}HCH_2Cl$$

(3)仔细对比原料和产物,发现碳架上增加了一个甲基,因此在合成中需要用到一些碳链增加的反应,如 Grignard 试剂、铜锂试剂等,而卤代物、酮都可以由醇衍生得到,具体反应步骤如下:

$$\bigcirc\!-\!OH \xrightarrow{\text{NaOH/C}_2\text{H}_5\text{OH}} \bigcirc \xrightarrow{\text{HBr}} \xrightarrow{(CH_3)_2CuLi} \bigcirc\!-\!CH_3$$

(4)如(3)解答:

$$\bigcirc\!\!=\!\!-Br \xrightarrow{\text{CH}_3\text{MgI}} \bigcirc\!\!=\!\!-CH_3$$

(5)对比产物与原料,发现其一为 D 代烷烃,其一为碳链增长的烷烃,其一为碳链增长的酮,第一个比较简单,可以用 Grignard 试剂与 D_2O 或 $LiAlD_4$ 来制备,而其余两个需借助碳链增长的反应,至于羰基官能团,可以由醇氧化,也可以由炔烃水解得到,详细答案如下:

$$CH_3CH_2CH_2Br \xrightarrow{Mg} \xrightarrow{D_2O} CH_3CH_2CH_2D$$

$$\xrightarrow[]{Li}$$

$$NaC{\equiv}CH \qquad \xrightarrow{CH_3CH_2CH_2Br} CH_3CH_2CH_2CH_2CH_2CH_3$$

$$CH_3CH_2CH_2C{\equiv}CH \xrightarrow{H_2SO_4,\ HgSO_4/H_2O} CH_3CH_2CH_2\overset{O}{\overset{\|}{C}}-CH_3$$

4. 完成以下制备。

(1) 由适当的锂试剂制备：①2-甲基己烷；②甲基环己烷。

(2) 由溴代正丁烷制备：①1-丁醇；②2-丁醇；③1,1,2,2-四溴丁烷。

解 (1) 有机合成中,锂试剂是一个很有用的用于碳链增长的反应,它能与卤代烃反应得到碳链增长的烷烃,由锂试剂还可以进一步制备更为常用的铜锂试剂,要注意的是卤代烃最好选用伯卤代烃,这样,副反应会少些,根据题意,答案如下：

① $CH_3{-}\underset{\underset{CH_3}{|}}{CH}{-}Li + CH_3CH_2CH_2CH_2Br \longrightarrow CH_3{-}\underset{\underset{CH_3}{|}}{CH}{-}CH_2CH_2CH_3$

② 环己基Li $+ CH_3Cl \longrightarrow$ 甲基环己烷

(2) ①题比较简单,通过碱性水解就可以得到；②题则需要经过烯烃,再水解；③题同样也需要经过一个烯烃,然后与溴加成后制备炔烃的过程,具体反应步骤如下：

① $\text{正丁基}Br \xrightarrow[OH^-]{H_2O} \text{丁醇}OH$

② $\text{正丁基}Br \xrightarrow[\text{醇}]{KOH} \text{丁烯} \xrightarrow[\text{②} H_2O]{\text{①} H_2SO_4} \text{2-丁醇}OH$

③ $\text{正丁基}Br \xrightarrow[\text{醇}]{NaOH} \text{丁烯} \xrightarrow{Br_2} \text{二溴丁烷}Br \xrightarrow[\triangle]{NaNH_2} \text{丁炔} \xrightarrow{2Br_2} \text{四溴丁烷}$

36

第9章 醇、酚、醚

9.1 知 识 要 点

9.1.1 醇

1) 命名

根据—OH 所结合的碳的类别,醇可分为伯醇、仲醇和叔醇;根据—OH 结合的烃基可分为脂肪醇、脂环醇、芳香醇;根据分子中—OH 数目可分为一元醇和多元醇;还可以根据烃基分为饱和醇、不饱和醇。结构复杂的醇用系统命名法:选取含—OH 在内的最长链为主链,编号从离—OH 最近的一端开始,先命名取代基,根据主链碳原子个数称为某醇,在醇字前标出—OH 位次。

2) 化学性质

O—H 断裂;C—O 断裂;氧化。

(1) 醇与活泼金属的反应。醇与水相似,也能与活泼金属如钠、钾、镁等反应生成醇的金属化合物并放出氢气。各类醇与金属钠的反应活性次序是:甲醇>伯醇>仲醇>叔醇。

(2) 醇与卤化氢的反应。醇中的羟基易被卤原子取代,生成卤代烃和水,这是制备卤代烷的一种重要方法。醇和 HX 反应的速率与 HX 的类型及醇的结构有关。HX 的反应活性次序:HI>HBr>HCl。ROH 的反应活性次序:烯丙基醇、苄醇>叔醇>仲醇>伯醇。

在实验室里常利用卢卡斯(Lucas)试剂(无水氯化锌和浓盐酸配成的溶液)来鉴别低级(6 个碳以下)的醇。将 Lucas 试剂加入醇中,可以从生成卤代烃(出现浑浊)的快慢区别伯、仲、叔醇。叔醇与 Lucas 试剂在室温下立即反应,迅速出现浑浊、分层现象;仲醇与 Lucas 试剂在室温下缓慢反应,几分钟之后才出现浑浊、分层现象。伯醇与 Lucas 试剂要在加热条件下才缓慢出现浑浊、分层现象。

(3) 醇与三卤化磷的反应。醇与三溴化磷或三碘化磷反应,醇的羟基也可被溴或碘取代,生成相应的卤代烃。用这种方法制备卤代烃,很少发生分子重排。

(4) 脱水反应,包括分子间脱水和分子内脱水。醇在较低温度下发生分子间脱水,生成醚。在较高温度下,醇主要是分子内脱水,生成烯烃。伯、仲、叔醇脱水的难易程度是:叔醇>仲醇>伯醇。叔醇容易发生分子内脱水生成烯,而难以得到醚。醇进行分子内脱水时符合 Saytzeff 规则。

(5) 酯化反应。醇与酸(包括无机酸和有机酸)作用生成酯的反应称为酯化反应。酯化反应是可逆的。

(6) 氧化反应,包括加氧氧化和脱氢氧化。用铬酸作氧化剂时,Cr^{6+} 为棕红色,酸性重铬酸钾溶液为橙红色,反应后生成的 Cr^{3+} 是绿色,所以,可以利用叔醇不被重铬酸钾溶液氧化的性质,将叔醇与伯醇或仲醇定性鉴别开。另外,伯醇、仲醇在数秒钟内发生反应,C═C、C≡C 与铬酸反应较慢,不能很快观察到颜色变化,故可用于醇与烯、炔的鉴别。伯醇和仲醇蒸气在高温下,通过催化剂可脱氢生成醛或酮。

9.1.2　酚

1）命名

酚的命名是在芳香烃基的后面加"酚"字。苯酚的编号从—OH 所在的 C 开始,萘酚则以—OH 最近的 α-位开始。多元酚必须标出每个—OH 的位置;当有更优官能团时,—OH 作取代基命名。

2）化学性质

（1）酸性。酸性强度一般顺序为 $H_2CO_3 >$ 酚 $> H_2O >$ 醇。当芳环上有吸电子基时酚的酸性增强,有供电子基时酸性减弱。

（2）与三氯化铁的显色反应。大多数酚与三氯化铁反应都能生成有色物质,此反应常用来区别酚类化合物。含有烯醇型结构$\left(\underset{}{\diagup}\!\!\!\diagdown^{OH}\right)$的化合物都能发生此反应。

（3）芳环上的亲电取代反应,包括卤代、硝化、磺化。羟基是一个很强的使芳环活化的邻对位定位基,因此酚比苯更容易进行卤代、硝化、磺化等取代反应,生成邻、对位取代物,还可生成多元取代物。

（4）氧化反应。酚易被氧化,空气中的氧即可将酚氧化,生成红色至褐色的化合物。用强氧化剂作用,则生成对苯醌。

9.1.3　醚

1）命名

氧原子与两个相同的烃基结合的醚称为单醚,烃基不相同时称为混合醚。命名时根据两个烃基称为某某醚,单醚直接称为某醚。混合醚的系统命名法则把氧与较小烃基一起作为取代基(烃氧基)命名。环醚可根据环上碳原子个数称为环氧某烷,也可按杂环化合物氢化产物的方法命名。

2）醚的化学性质

（1）锌盐的生成。醚分子中氧原子上有未共用电子对,它是一个路易斯碱,在常温下能接受强酸(H_2SO_4、HCl 等)中的质子生成锌盐。醚的锌盐不稳定,温度稍高或用水稀释便立即析出原来的醚。利用这一性质,可以分离醚与卤代烃或烷烃的混合物。

（2）醚键的断裂。混合醚与氢碘酸作用时,一般是较小的烃基生成碘代烷,较大的烃基生成醇,生成的醇进一步与氢碘酸作用生成碘代烷。如果其中一个是芳基时,则反应生成碘代烷和酚。

（3）Williamson 法合成醚。Williamson 合成是制备混合醚的一个重要方法,用卤代烷与醇钠或酚钠进行亲核取代反应制得。

$$RX + NaOR' \longrightarrow R\!-\!O\!-\!R' + NaX$$
$$RX + NaOAr \longrightarrow R\!-\!O\!-\!Ar + NaX$$

9.2　单 元 练 习

1. 写出下列化合物的名称或结构式。

(1)　$\underset{\underset{CH_3}{\mid}\,\underset{OH}{\mid}}{CH_3\!-\!CH_2\!-\!CH\!-\!CH\!-\!CH_2\!-\!OCH_3}$ 　　　　(2) E-2-甲基-2-丁烯-1-醇

2. 按酸性从强至弱次序排列下列化合物。

3. 用简便的化学方法区别下列化合物。

(1) ①苯甲醚,②环己烷,③苯酚,④环己醇

(2) ①3-丁烯-2-醇,②3-丁烯-1-醇,③2-甲基-2-丙醇,④2-丁醇,⑤正丁醇

4. 用必要的无机试剂实现下列转化。

(1) 甲苯——→4-氯苄基甲醚

(2) 正丙醇——→正丁酸

5. 某芳香族化合物 A 的分子式为 C_7H_8O,A 与金属钠不发生反应,与浓的氢碘酸反应生成两个化合物 B 和 C。B 能溶于氢氧化钠溶液中,并与三氯化铁显色。C 与硝酸银的醇溶液作用,生成黄色的碘化银。试写出 A、B、C 的结构式,并写出各步反应式。

6. 完成下列反应。

(1) 〔OCH₂CH₃〕 ＋HI ——→ (   )

(2) 〔CH₂CH₂Br〕 $\xrightarrow[\text{乙醇}]{\text{NaOH}}$ (   ) $\xrightarrow[\text{H}^+]{\text{H}_2\text{O}}$ (   )

(3) CH_2—CH_2 $\xrightarrow{\text{H}_2\text{O}}$ (   ) $\xrightarrow[\triangle]{\text{Cu}}$ (   ) $\xrightarrow[\text{H}^+]{\text{K}_2\text{Cr}_2\text{O}_7}$ (   )

(4) CH_3—CH—CH＝CH—CH_2—CH_2 $\xrightarrow[\text{H}^+]{\text{KMnO}_4}$ (   )

(5) CH_3—C＝$CHCH_2$ $\xrightarrow{\text{PCl}_3}$ (A   )

$$\underset{\text{对甲苯酚}}{\overset{\text{OH}}{\underset{\text{CH}_3}{\bigcirc}}} \xrightarrow{\text{NaOH}} (\qquad B \qquad)$$

$$A+B \longrightarrow (\qquad)$$

(6) $\underset{\overset{\displaystyle CH_3}{\bigcirc}}{} \xrightarrow[\text{光}]{\text{Cl}_2} (\qquad) \xrightarrow[\text{H}_2\text{O}]{\text{NaOH}} (\qquad) \xrightarrow[\text{H}_2\text{SO}_4]{\text{CH}_3\text{COOH}} (\qquad)$

9.3 典型题精解

1. (1) 3-甲基-3-戊醇与 H_2SO_4 共热主要发生(　　)反应。

    A. E1   B. S_N1 C. S_N2 D. E2

(2) 下列化合物沸点最高的是(　　)。

    A. 3-己醇   B. 正己烷   C. 2-甲基-2-戊醇   D. 正庚醇

解　(1) A。3-甲基-3-戊醇是叔醇,与 H_2SO_4 共热主要发生的是消除反应,而醇的消除基本上是按 E1 历程进行。

(2) D。醇中羟基之间氢键的存在,使得它的沸点比烃高,因此,在这四个化合物中,B 正己烷的沸点比 A、C、D(它们都是醇)都低;而碳原子不同的醇,随着碳链的增长,沸点升高,因此 A、C、D 三个醇中,D 的沸点最高;A、C 是同碳数的醇,则支链越多,沸点越低。

2. 完成下列反应。

(1) $CH_3CH_2OC(CH_3)_3 + HI(浓) \longrightarrow$

(2) $\overset{\displaystyle \bigcirc}{}OCH_3 + HI(浓) \longrightarrow$

解　醚在浓 HI 酸作用下发生醚键断裂的反应。不同结构的醚发生醚键断裂的反应时,醚键断裂的位置是不一样的。如果氧原子两边所连的烃基都是伯脂肪烃基时,按 S_N2 历程进行,断在小基团这边;如果一边是伯脂肪烃基,而另一边是叔脂肪烃基时,则按 S_N1 历程进行,断在叔脂肪烃基这边;而芳香醚,则一定断在脂肪烃基这边,因为氧上孤电子对与苯环可以形成 p-π 共轭,不易断裂。

(1) $CH_3CH_2OC(CH_3)_3 + HI(浓) \longrightarrow CH_3CH_2OH + IC(CH_3)_3$

(2) $\overset{\displaystyle \bigcirc}{}OCH_3 + HI(浓) \longrightarrow \underset{\text{OH}}{\overset{\displaystyle \bigcirc}{}} + ICH_3$

3. 命名或写出结构式。

(1) (Z)-4-己烯-2-醇   (2) $CH_3OCH_2CH_2CH_3$

(3)   (4) CH_2CHCH_2Cl (环氧)

解 分子式中如果有多个官能团时,首先要确定哪个是主官能团,命名或写结构式时遵循的"最低系列原则"首先应保证主官能团在主链上的位次最小,然后考虑次官能团,最后考虑其他取代基的位次。例如,(1)、(3)分子中,既有羟基官能团,又有双键官能团,还有其他取代基,它们同时存在于同一分子中时,羟基比双键优先做主官能团,然后考虑双键,最后考虑甲基等其他取代基。(4)中的醚键比卤素优先作主官能团,命名编号时遵循"最低系列原则"首先保证醚键位置最小,然后考虑卤原子。

$$(1)\quad \overset{1}{CH_3}\overset{2}{C}H\overset{3}{C}H_2-\overset{4}{C}=\overset{5}{C}-\overset{6}{C}H_3$$
（羟基OH在C2, H H在双键）

(2) 甲丙醚

(3) 6-甲基-2-环己烯醇

(4) 3-氯-1,2-环氧丙烷

4. 推测结构。

化合物 A ($C_{10}H_{13}Br$) 在室温下很容易与氢氧化钾的乙醇溶液作用得到 B ($C_{10}H_{12}$),B 经臭氧氧化和还原水解得甲醛和 C ($C_9H_{10}O$),在铂催化下 C 被还原成 D ($C_9H_{12}O$),D 具有旋光性,与硫酸共热得 E (C_9H_{10}),用高锰酸钾处理 E 得对苯二甲酸,E 经臭氧氧化和还原水解得甲醛和对甲基苯甲醛。推测 A、B、C、D 和 E 的构造式。

解 采用倒推法,从条件最充分的地方入手,再综合考虑其他条件。本题中,最充分的条件就是最后一个:"E 经臭氧氧化和还原水解得甲醛和对甲基苯甲醛",从这个条件基本上可以确定 E 的结构。再逐步从后往前推,同时综合考虑各个条件,即可逐次推出各结构。

A. 对甲基苯基-C(Br)(CH_3)CH_3

B. 对甲基苯基-C(CH_3)=CH_2

C. 对甲基苯基-C(=O)CH_3

D. 对甲基苯基-CH(OH)CH_3

E. 对甲基苯基-CH=CH_2

5. 用指定的有机试剂合成(无机试剂任选)。

(1) 由正丙醇合成 3-己酮。

(2) 由环己烷 和 $CH_3CH_2\overset{OH}{C}HCH_3$ 合成 环己基-$\overset{CH_3}{\underset{OH}{C}}CH_2CH_3$。

———— 41 ————

解 (1)

$$CH_3CH_2CH_2OH \xrightarrow[\text{② Mg/无水乙醚}]{\text{① HBr}} CH_3CH_2CH_2MgBr$$

$$CH_3CH_2CH_2OH \xrightarrow[\text{高温}]{Cu} CH_3CH_2CHO$$

$$\xrightarrow[\text{② H}_2\text{O}]{\text{① 无水乙醚}}$$

$$\underset{\underset{H}{|}}{\overset{\overset{OH}{|}}{CH_3CH_2CCH_2CH_2CH_3}} \xrightarrow{KMnO_4} CH_3CH_2\overset{\overset{O}{\|}}{C}CH_2CH_2CH_3$$

(2)

$$CH_3CH_2CHCH_3 \xrightarrow{KMnO_4} CH_3CH_2\overset{\overset{O}{\|}}{C}CH_3$$

— 42 —

第 10 章　醛、酮和核磁共振谱

10.1　知识要点

10.1.1　命名

醛基或酮羰基为母体官能团时,选择含有羰基在内的最长碳链作为主链,称为某醛或某酮。主链碳原子编号从靠近羰基的一端开始,注明羰基的位置。由于醛基总是位于链端,故位次可省略。不饱和醛、酮的命名要选同时含羰基和重键的最长碳链作主链,重键的位置要注明。

脂环族、芳香族醛、酮命名时,将脂环或芳环作为取代基。羰基参与成环的酮,则在名称前加"环"字,称为环某酮。

10.1.2　亲核加成反应机理与反应活性

由于羰基氧的电负性大,C═O 键上的电子云偏向于氧原子一边,使羰基碳带上部分的正电荷,在反应中,羰基碳容易受到亲核试剂的进攻。这种由亲核试剂进攻而引起的加成反应,称为亲核加成反应。

$$\overset{\delta+}{>}C\overset{\frown}{=}\overset{\delta-}{O} + Nu^- \underset{\text{慢}}{\rightleftharpoons} -\overset{\overset{\displaystyle O^-}{|}}{\underset{|}{C}}-Nu$$

不同结构的醛、酮发生亲核加成反应的活性不同,一般而言,脂肪族醛、酮反应活性主要由空间效应决定(电子效应接近),连在羰基上的基团越大,活性越低。对于芳香族醛、酮而言,主要考虑环上取代基的电子效应。

10.1.3　醛酮的主要化学反应

1) 亲核加成反应

(1) 与 HCN 加成。HCN 可与所有醛、脂肪族甲基酮以及少于八个碳原子的脂环酮反应,用于制备 α-羟基腈。此反应是有机合成上增加一个碳原子的方法之一。由腈水解可以得到相应的羧酸;腈催化加氢可还原为相应的胺。

(2) 与 $NaHSO_3$ 饱和溶液反应。反应的范围与上述 HCN 反应类似。产物为 α-羟基磺酸钠,因不溶于 $NaHSO_3$ 饱和溶液而以白色沉淀析出。在稀酸或稀碱共热下可水解变回原来的醛、酮。常用来鉴别、分离和提纯醛、酮。

(3) 与 H_2O 加成。活泼的醛、酮能与水作用生成胞二醇。常见的甲醛、三氯乙醛和茚三酮可以顺利地与水反应。

(4) 与 ROH 加成。在无水氯化氢作用下,醛或酮可以与一分子醇反应生成半缩醛,一般不稳定,可继续与另一分子醇反应生成稳定的缩醛或缩酮。缩醛或缩酮对碱、氧化剂和还原剂均稳定,但在稀酸中易水解成原来的醛和醇,在有机合成上常用来保护活泼的羰基。酮与醇的加成反应较难进行,但易与二元醇形成环状缩酮。

(5) 与氨的衍生物加成。反应的产物大多数是黄色结晶,具有一定的熔点,在酸性水溶液中加热可水解成原醛、酮。因此,常用于羰基化合物的鉴别和分离、提纯。

(6) 与 Wittig 试剂反应。醛、酮与 Wittig 试剂作用,脱去三苯基氧磷生成烯烃,该反应可以用于制备一般消除反应难以获得的烯烃(如环外双键)。

(7) 与 RMgX 反应。多数醛、酮都能与 Grignard 试剂反应,加成产物可水解成醇。与甲醛反应可以获得多一个碳的伯醇,与其他醛反应可以生成仲醇,与酮反应生成叔醇。这是制备醇的重要方法之一。

2) 涉及 α-H 的反应

(1) 卤代和卤仿反应。醛或酮的 α-H 在酸催化下(X_2/HAc)的卤代反应,产物一般停留在一卤代的阶段;而碱催化下($X_2/NaOH$)的卤代反应,难以停留在一卤代阶段,直接生成三卤代产物。具有$CH_3—\overset{\overset{\displaystyle O}{\|}}{C}—$或$CH_3—\overset{\overset{\displaystyle OH}{|}}{CH}—$结构的有机物都可以与卤素的碱溶液反应生成三卤甲烷(卤仿)和羧酸盐,此反应称为卤仿反应。若使用碘的氢氧化钠溶液,可得到黄色的碘仿沉淀。碘仿反应常用于鉴别上述结构的有机物,此反应在有机合成上也用于制备减少一个碳的羧酸。

(2) 羟醛缩合反应。在稀碱作用下,两分子醛(酮)相互作用,形成 β-羟基醛(或酮),后者经加热失水生成 α,β-不饱和醛(酮)的反应,称为羟醛缩合反应。无 α-H 的醛自身不反应,但可与另一种具有 α-H 的醛发生交叉羟醛缩合反应。

3) 氧化还原反应

(1) 醛酮羰基的氧化反应。醛、酮对氧化剂的活性差别较大。醛由于羰基上连有一个氢原子,很容易被一些弱氧化剂,如 Tollens 试剂(硝酸银的氨溶液)、Fehling 试剂(硫酸铜、氢氧化钠、酒石酸钾钠溶液)等氧化,同时产生明显的现象,可用于鉴别醛和酮。在强氧化剂(如酸性 $KMnO_4$、$K_2Cr_2O_7$ 等)作用下,醛很容易被氧化生成相应的羧酸,酮一般不易被氧化。酮在有机过氧酸氧化下与羰基直接相连的碳链断裂,插入一个氧形成酯,这一反应称为 Baeyer-Villiger 氧化反应。

(2) 醛酮羰基的还原反应。醛、酮在过渡金属 Ni、Pt、Pd 等催化下加氢还原成伯醇或仲醇。醛酮的羰基在 $NaBH_4$、$LiAlH_4$ 等化学还原剂作用下,还原成醇,分子中的碳碳双键和叁键不受影响。醛酮在锌汞齐和浓盐酸作用下,羰基还原成亚甲基的反应称为 Clemmenson 还原法。这一反应适用于对酸稳定的化合物。醛、酮与肼在高沸点溶剂[如在一缩乙二醇($HOCH_2CH_2OCH_2CH_2OH$)中]与碱一起加热,羰基先与肼生成腙,腙在碱性加热的条件下失去氮,结果羰基变成亚甲基。这个反应称为 Wolff-Kishner-黄鸣龙反应,这一反应在碱性环境中进行,特别适用于还原对酸不稳定的醛酮。

醛酮在酸性条件下可与硫醇作用生成硫代缩醛、酮,硫代缩醛、酮在 Raney 镍存在下氢化脱硫,还原成亚甲基。该反应可适用于中性条件下的还原,反应中碳碳双键不受影响。

(3) 歧化反应。不含 α-H 的醛在浓的氢氧化钠溶液中发生歧化反应,即一分子醛被氧化成羧酸,另一分子被还原成醇,该反应称为 Cannizzaro 反应。两种不含 α-H 的醛与浓碱共热,可发生交叉的 Cannizzaro 反应。如果甲醛和芳香醛在一起,由于甲醛容易被氧化,得到的产物是甲酸和芳香醇。

4) α,β-不饱和醛、酮

α,β-不饱和醛、酮结构上的特点是碳碳双键与羰基共轭,在化学性质上表现出既可以发生亲核加成,也可以发生亲电加成,而且具有 1,2-和 1,4-两种加成方式。1,2-加成和 1,4-加成的倾向与醛、酮的结构、亲核试剂的性质关系密切。

烯醇负离子也可以与 α,β-不饱和醛、酮在碱性催化剂作用下,发生亲核 1,4-共轭加成反应,此类反应称为 Michael 加成反应。Michael 加成是增长碳链的重要反应,在合成 1,5-二官能团化合物上有重要应用。

Michael 加成反应生成的 1,5-二羰基化合物在碱作用下可继续进行羟醛缩合反应而发生环合,这个反应称为 Robinson 环化。

10.1.4 核磁共振氢谱

凡原子序数为单数的原子核由于自旋而具有磁性,如果将磁核置于强外磁场(H_0)中,便会产生自旋能级分裂。若原子核受到的电磁场辐射所提供的能量 $h\nu$ 恰好等于能级差(ΔH)时,原子核吸收电磁辐射的能量,从低能级跃迁到高能级,这种现象称为核磁共振。当前核磁共振研究的对象主要是 ^1H 和 ^{13}C。以 ^1H 为研究对象的称为 ^1H 核磁共振谱,也称核磁共振质子谱;以 ^{13}C 为研究对象的称为 ^{13}C 核磁共振谱。

1) 核磁共振质子谱的主要参数

(1) 化学位移。不同化学环境中的氢核,受到不同程度的屏蔽效应影响,在外磁场作用下产生的共振频率 ν 不同,因而在核磁共振谱的不同位置出现吸收峰,这种峰与峰之间的差距称为化学位移。

(2) 偶合常数。自旋-自旋偶合裂分后,两峰之间的距离,即两峰的频率差 $|\nu_a - \nu_b|$ 称为偶合常数,用 J_{ab} 表示,单位为 Hz。偶合常数(J)用以表示两个质子间相互干扰的强度,相互干扰的两个质子,其偶合常数必然相等。利用 J 值可以判断质子之间的相互关系。

(3) 峰面积。峰面积比恰好是氢原子数之比。峰面积可以用积分仪绘出的积分高度来表示;积分高度可用尺子测量,也可用谱图中的格数计算。

2) 化学等价与($n+1$)规则

若分子中的某一组核的化学位移完全相等,则称该组核为化学等价。若氢原子核周围有 n 个与之偶合常数相同的氢原子,则该氢原子核的吸收峰将裂分为($n+1$)重峰,称之为($n+1$)规则。裂分峰强度比符合二项式$(a+b)^n$ 展开系数比。如果某组化学环境相同的氢核,分别与 n 个和 n' 个有着接近或相同的偶合常数的氢核偶合,那么其共振峰被裂分为($n+n'+1$)重峰。

3) 解析步骤

从核磁共振谱可以获得化学位移、分裂峰数、积分高度等,利用这些参数可以鉴别和确定结构。步骤如下:

(1) 计算化合物的不饱和度 Ω。

$$\Omega = \frac{2 + 2n_4 + n_3 - n_1}{2}$$

式中,n_4、n_3、n_1 分别代表分子式中四价的碳、三价的氮和一价的氢(包括卤素)的原子个数。

（2）根据化学位移 δ,推测可能的官能团结构。

（3）根据峰面积和峰裂分情况,利用 $(n+1)$ 规则,确定氢原子个数和归属。

（4）确定有机化合物的结构,并进行验证。

10.2 单 元 练 习

1. 命名下列化合物。

(1)

(2)

(3) $CH_3CH=\!=NOH$

(4) CH_3CH_2CHCHO (带Cl取代)

(5)

(6)

2. 写出丙醛与下列试剂反应的产物。

(1) H_2/Pt 　　　　(2) $C_6H_5MgBr,H^+/H_2O$ 　　　(3) 饱和 $NaHSO_3$

(4) 乙二醇/H^+ 　　(5) NH_2OH 　　　　　　　　　(6) $Zn\text{-}Hg/$浓 HCl

(7) $LiAlH_4$ 　　　　(8) $NaBH_4$ 　　　　　　　　　(9) $[Ag(NH_3)_2]^+$

(10) $KMnO_4/H^+$ 　 (11) 稀 NaOH 　　　　　　　　(12) 苯肼

3. 完成下列反应。

(1) $\langle\;\rangle\!-\!COCH_3 \xrightarrow[\text{NaOH}]{I_2} (\qquad)+(\qquad)$

(2) $Cl\!-\!\langle\;\rangle\!-\!CHO + HCHO \xrightarrow{\text{NaOH}} (\qquad)+(\qquad)$

(3) $\langle\;\rangle + \langle\;\rangle\!-\!COCl \xrightarrow{AlCl_3} (\qquad)$

(4) $\langle\;\rangle\!-\!CHO + CH_3CH_2CHO \xrightarrow{\text{稀碱}} (\qquad)$

(5) $CH_3\!-\!\langle\;\rangle\!-\!CHO \xrightarrow{\text{浓 NaOH}} (\qquad)+(\qquad)$

(6) $\xrightarrow[H_2O]{H^+} (\qquad)+(\qquad)$

(7) $\xrightarrow{[Ag(NH_3)_2]^+} (\qquad)$

(8) $\xrightarrow{OH^-} (\qquad) \xrightarrow{NaBH_4} (\qquad)$

4. 用化学方法鉴别下列各组化合物。

(1) ⬡—CHO ⬡—OH ⬡—OCH₃ ⬡—CH₂OH

(2) ⬡—CHCH₃(OH) ⬡—CCH₂CH₃(O) ⬡—CCH₃(O) CH₃CCH₂CH₃(O)

5. 完成下列转变。

(1) $CH_3CH_2CH_2OH \longrightarrow CH_3CH_2CH_2CH_2OH$

(2) $HC\equiv CH \longrightarrow CH_3CH=CHCH_2OH$

10.3 典型题精解

1. 命名下列化合物。

(1) CH₃CHCH₂CHO (CH₃)

(2) CH₃CHCCH₂CH₃ (CH₃)(O)

(3) CH₃CH=CCHO (CH₃)

(4) CH₃CH=CHCHCCH₂CH₃ (O)(CH₃)

(5) CH₃CH(OCH₃)(OCH₃)

(6) CH₃—⬡=O

解 (1) 3-甲基丁醛(或 β-甲基丁醛);(2) 2-甲基-3-戊酮(或 α-甲基-3-戊酮);(3) 2-甲基-2-丁烯醛;(4) 4-甲基-5-庚烯-3-酮;(5) 乙醛缩二甲醇(以相应醛和醇的名称命名);(6) 4-甲基环己酮(羰基参与成环,母体名称前加"环"字)。

2. 比较下列化合物与 $NaHSO_3$ 反应的活性大小。

(1) $CH_3CH_2CH_2CHO$

(2) $CH_3CCH_2CH_3$ (O)

(3) $HCHO$

(4) CH_3CCH_3 (O)

解 醛、酮发生亲核加成反应的活性与羰基的活性(由电子效应和空间位阻效应决定)和亲核试剂的亲核性相关。在亲核试剂相同的情况下,羰基碳原子上的电子密度越小,所连基团越小,越有利于亲核试剂的进攻,反应活性越大。由此可推断上述各化合物的反应活性次序为:(3)>(1)>(4)>(2)。

3. 用化学方法鉴别下列各组化合物。

(1) a. 丁醛 b. 2-丁酮 c. 1-丁醇 d. 2-丁醇

(2) a. 戊醛 b. 2-戊酮 c. 3-戊酮 d. 2-戊醇

解 (1) 这 4 个化合物中丁醛和 2-丁酮是羰基化合物,1-丁醇和 2-丁醇是醇,可以用羰基试剂将其分成两组,再用碘仿反应进行鉴别。丁醛和 2-丁酮也可以用 Tollens 试剂或 Fehling 试剂鉴别。

（2）首先用羰基试剂将 a、b、c 和 d 区分开，再利用 Fehling 试剂鉴别出 a，用碘仿反应将 b 和 c 加以鉴别。

4. 用指定原料制备指定化合物（无机试剂任选）。

（1）

CHO / CH₂OH → CHO / CH₂CH₂OH

（2） $CH_3CHO \longrightarrow$ CH₃ ... CH₃（缩醛结构）

（3） $HC\equiv CH \longrightarrow CH_3CH_2CH_2CH_2OH$

解 （1）分析：此题的目标化合物是比原料多一个碳的伯醇，可以采用 Grignard 试剂与甲醛反应来实现，但是原料分子中本身有醛基，会出现干扰，所以必须将—CHO 加以保护。

CHO / CH₂OH $\xrightarrow[\text{干 HCl}]{CH_3OH}$ CH(OCH₃)₂ / CH₂OH $\xrightarrow{PBr_3}$ $\xrightarrow{Mg/\text{乙醚}}$ CH(OCH₃)₂ / CH₂MgBr $\xrightarrow[\text{H}_2\text{O}]{HCHO \quad H^+}$ CHO / CH₂CH₂OH

（2）分析：此题的目标产物是一个缩醛结构，由乙醛与 1,3-丁二醇反应得到。1,3-丁二醇可利用乙醛经过羟醛反应、还原制得。

$2CH_3CHO \xrightarrow{NaOH}$ CH₃CHCH₂CHO (OH) $\xrightarrow{H_2/Pt}$ CH₃CHCH₂CH₂OH (OH) $\xrightarrow[\text{H}^+]{CH_3CHO}$ CH₃ ... CH₃（缩醛结构）

（3）分析：此题是碳链成倍增长的反应,可利用羟醛缩合反应制得。步骤如下：

$$HC \equiv CH \xrightarrow[H_2SO_4]{HgSO_4} CH_3CHO \xrightarrow[\triangle]{\text{稀 }OH^-} CH_3CH = CHCHO \xrightarrow{H_2/Ni} CH_3CH_2CH_2CH_2OH$$

5. 化合物 A($C_7H_{16}O$) 可被酸性 $KMnO_4$ 溶液氧化,得到化合物 B($C_7H_{14}O$);B 能与 2,4-二硝基苯肼反应生成黄色沉淀,但不发生碘仿反应;A 与浓硫酸共热得到 C(C_7H_{14}),C 在酸性 $KMnO_4$ 溶液中加热,得到丙酮和 2-甲基丙酸。试推断 A、B、C 的构造式并写出相关反应式。

解 由 C 的分子式 C_7H_{14} 可以计算出该化合物的不饱和度为 1。根据 C 在酸性 $KMnO_4$ 溶液中加热得到的产物和烯烃氧化规律,可推出 C 的结构式;由 A 脱水得到 C,可推出 A 是仲醇。B 能与 2,4-二硝基苯肼反应,但不发生碘仿反应,说明 B 中含有羰基。由 A 的构造式可知 B 只能是不含 $CH_3CO—$ 结构的酮。由此,A、B、C 的结构式如下：

A. $CH_3\underset{\underset{CH_3}{|}}{C}H\underset{\underset{CH_3}{|}}{C}HCH_3$ 带 OH 在第二个碳
B. $CH_3\underset{\underset{CH_3}{|}}{C}H\underset{\overset{O}{\|}}{C}CH_3$ 等
C.

相关反应式如下：

（A）$CH_3\underset{\underset{CH_3}{|}}{C}H\underset{\underset{CH_3}{|}}{C}HCH_3$（OH）$\xrightarrow{KMnO_4/H^+}$ （B）$CH_3\underset{\underset{CH_3}{|}}{C}H\underset{\overset{O}{\|}}{C}CH_3$ $\xrightarrow{\text{2,4-二硝基苯肼}}$ $O_2N-\overset{NO_2}{\bigcirc}-NHN=CCH(CH_3)_2$ 带 $CH(CH_3)_2$

$\downarrow$ 浓 H_2SO_4 $\triangle$

（C）$\xrightarrow{KMnO_3/H^+}$ $CH_3\overset{O}{\underset{\|}{C}}CH_3 + CH_3\underset{\underset{CH_3}{|}}{C}HCOOH$

6. 化合物 A 的分子式为 $C_8H_8O_2$。A 能与三氯化铁水溶液呈现紫色,与 2,4-二硝基苯肼反应生成黄色结晶,还可发生碘仿反应。此化合物有三种同分异构体,A 是其中蒸气压最低的一种异构体。试推断 A 的结构。

解 根据分子式计算 A 有 4 个不饱和度,A 能与三氯化铁水溶液呈现紫色,推测化合物 A 是一种酚;能与 2,4-二硝基苯肼反应生成黄色结晶,还可发生碘仿反应,说明 A 具有甲基酮的结构;再由 A 的组成可推测苯环上连有酚羟基和乙酰基,这两个基团之间的相对位置可以是邻、间、对的关系,可能的结构有三种,其中邻羟基苯乙酮由于能形成分子内氢键,因此蒸气压最低,所以是化合物 A 的结构。

（结构图：对羟基苯乙酮、间羟基苯乙酮、邻羟基苯乙酮）（A. 邻羟基苯乙酮）

7. 某化合物 $C_3H_6O_2$,其 ^1H NMR 谱数据为(δ):11.3（单峰,1H）,（四重峰,2H）,（三重峰,3H）,请写出其结构式。

解 该化合物的不饱和度 $\Omega = 1$,δ 11.3（单峰,1H）表示有 —COOH,δ 2.3（四重峰,2H）和 δ 3.7（三重峰 3H）表示有 —CH_2CH_3,因此其结构为 CH_3CH_2COOH。

8. 某化合物 $C_9H_{10}O$ 的 IR 在 $1680cm^{-1}$ 有强吸收峰,其 ^1H NMR 如下(δ):1.1(三重峰,3H),3.0(四重峰,2H),7.7(多重峰,5H)。请推测其构造式并标明各吸收峰的归属。

解 该化合物的不饱和度 $\Omega = 5$,δ 7.7(多重峰,5H)说明有苯环,且为单取代;IR 在 $1680cm^{-1}$ 有强吸收峰,说明有羰基;又根据 δ 1.1(三重峰,3H)和 δ 3.0(四重峰,2H),证明有 $-COCH_2CH_3$ 结构,因此该化合物的结构为

$$\text{苯环}-\overset{\displaystyle O}{\overset{\|}{C}}-CH_2CH_3$$

9. 某旋光活性化合物 $C_8H_{10}O$ 显示宽的 IR 谱带,中心吸收在 $3300cm^{-1}$。该化合物的 ^1H NMR 数据如下(δ):δ 1.32(3H,二重峰),δ 2.76(1H,宽的单峰),δ 4.65(1H,四重峰),δ 7.18(5H,宽的单峰)。请推测化合物的结构,并指出各吸收峰的归属。

解 该化合物的不饱和度 $\Omega = 4$,δ 7.18(5H,宽的单峰)说明有苯环,且为单取代;IR 在 $3300cm^{-1}$ 有吸收峰,δ 2.76(1H,宽的单峰)说明有羟基,为醇类化合物;δ 4.65(1H,四重峰),δ 1.32(3H,二重峰),说明有 $-CH(CH_3)-OH$ 结构,因此该化合物的结构为

$$\text{苯环}-\overset{*}{C}H-OH \atop CH_3$$

第 11 章　羧酸、羧酸衍生物和质谱

11.1　知 识 要 点

11.1.1　羧酸及其衍生物的命名

1) 羧酸的命名

脂肪酸的系统命名:选择分子中含羧基最长的碳链为主链,根据主链上碳原子数目称为某酸,超过 10 个碳原子的不饱和酸在碳数后加"碳"字。表示侧链与重键的方法与烃基相同,编号从羧基碳原子开始。对于简单的脂肪酸也常用 α、β、γ、δ 等希腊字母表示取代基的位次,羧基永远作为 C1。

2) 羧酸衍生物的命名

羧酸衍生物包括酰卤、酸酐、酯、酰胺和腈。

酰卤一般根据所含酰基来命名,名称为"酰基名+卤素名",如苯甲酰氯。

酸酐分为单酐和混酐。单酐名称为"羧酸名+酐",如乙酸酐;混酐名称为"简单羧酸名+复杂羧酸名+酐",如乙丙(酸)酐;分子内形成的酸酐名称为"某二酸酐",如邻苯二甲酸酐。

酯分为一元醇的酯、多元醇的酯和多元酸的酯。一元醇的酯名称为"某酸某(醇)酯",如乙酸甲酯;多元醇的酯命名为"某醇某酸酯"或"某酸某醇酯",如乙二醇二乙酸酯、三硬脂酸甘油酯;多元酸的酯名称为"多元酸某(醇)酯",如邻苯二甲酸二乙酯。内酯根据羧酸和羟基位置(用希腊字母标出)命名为"β-或 γ-或 δ-某内酯",如 γ-丁内酯。

酰胺命名为"某酰某胺",如苯甲酰胺。如果氨基上接有取代基,则标记为"N-某基",如 N,N-二甲基苯甲酰胺。内酰胺根据羧酸和氨基位置(用希腊字母标出)命名为"β-或 γ-或 δ-某内酰胺",如 δ-己内酰胺。

油脂的命名:一般甘油酯的命名与多元醇酯相同。而混合甘油酯中 R 不相同,则以 α、α'、β 分别表示其位置,如 α'-硬脂酸-β-软脂酸-α-油酸甘油酯。

11.1.2　羧酸及其衍生物的化学性质

1) 羧酸的性质

(1) 酸性。具有吸电子诱导效应的基团使酸性增强,具有给电子诱导效应的基团使酸性减弱。

(2) 羧酸衍生物生成。

形成酰卤:
$$R-\overset{\overset{\displaystyle O}{\|}}{C}-OH \xrightarrow[\text{SOCl}_2]{\text{PX}_3 \text{ 或 PX}_5} R-\overset{\overset{\displaystyle O}{\|}}{C}-X(\text{或 Cl})$$

形成酸酐:
$$2R-\overset{\overset{\displaystyle O}{\|}}{C}-OH \xrightarrow[\text{或乙酸酐}]{\text{P}_2\text{O}_5} R-\overset{\overset{\displaystyle O}{\|}}{C}-O-\overset{\overset{\displaystyle O}{\|}}{C}-R$$

形成酯：
$$R-\overset{\displaystyle O}{\overset{\|}{C}}-OH + HOR' \underset{}{\overset{H^+}{\rightleftharpoons}} R-\overset{\displaystyle O}{\overset{\|}{C}}-OR' + H_2O$$

形成酰胺：
$$RCOOH + NH_3 \longrightarrow RCOONH_4 \xrightarrow{加热} RCONH_2 + H_2O$$

（3）还原反应。
$$RCOOH \xrightarrow[②H_2O]{①LiAlH_4} RCH_2OH$$

（4）脱羧反应。
$$Y-CH_2COOH \xrightarrow{加热} Y-CH_3 + CO_2$$
$$Y=RCO-,\ HOOC-,\ -CN,\ -NO_2,\ -Ar$$

（5）α-卤代反应。

$$\underset{\underset{H}{|}}{\overset{\overset{H}{|}}{R-\underset{}{C}-}}\overset{\displaystyle O}{\underset{\|}{C}}-OH \xrightarrow{\overset{Br_2}{P}} \underset{\underset{Br}{|}}{\overset{\overset{H}{|}}{R-\underset{}{C}-}}\overset{\displaystyle O}{\underset{\|}{C}}-OH \xrightarrow{\overset{Br_2}{P}} \underset{\underset{Br}{|}}{\overset{\overset{Br}{|}}{R-\underset{}{C}-}}\overset{\displaystyle O}{\underset{\|}{C}}-OH$$

2）羧酸衍生物的性质

（1）羧酸衍生物亲核加成-消除反应。
$$R-\overset{\displaystyle O}{\overset{\|}{C}}-L + H-Nu \longrightarrow R-\overset{\displaystyle O}{\overset{\|}{C}}-Nu + H-L$$

离去基团 L = —X，—OCOR'，—OR'，—NH$_2$

亲核试剂 Nu = —OH，—OR'，—NH$_2$（H$_2$O、ROH、NH$_3$）

相对活性顺序为

$$R-\overset{\displaystyle O}{\overset{\|}{C}}-X > R-\overset{\displaystyle O}{\overset{\|}{C}}-O-\overset{\displaystyle O}{\overset{\|}{C}}-R > R-\overset{\displaystyle O}{\overset{\|}{C}}-OR' > R-\overset{\displaystyle O}{\overset{\|}{C}}-NH_2$$

（2）Claisen 酯缩合反应。
$$2RCH_2\overset{\displaystyle O}{\overset{\|}{C}}-OR' \xrightarrow[②H_3^+O]{①C_2H_5ONa} RCH_2\overset{\displaystyle O}{\overset{\|}{C}}-\underset{\underset{R}{|}}{CH}-\overset{\displaystyle O}{\overset{\|}{C}}-OR'$$

（3）酰胺的 Hofmann 降级反应。
$$RCONH_2 + NaOX + 2NaOH \longrightarrow RNH_2 + Na_2CO_3 + NaX + H_2O$$

（4）酯交换反应。
$$R-\overset{\displaystyle O}{\overset{\|}{C}}-OCH_3 + R'-OH \underset{加热}{\overset{H^+}{\rightleftharpoons}} R-\overset{\displaystyle O}{\overset{\|}{C}}-OR' + CH_3OH$$

（5）还原反应。

11.1.3 质谱

1) 原理

有机化合物分子的蒸气在高真空下受到能量较高的电子束的轰击,有机分子失去外层电子变成分子离子 M^+,处于激发态的分子离子接受能量,裂解成不同质量的带正电荷的阳离子和不带电的碎片,通过对这些碎片的分析得知分子结构的信息。

2) 质谱在有机物结构测定中的应用

(1) 判别分子离子峰的简单方法。分子离子峰的质量数要符合氮规则,即不含氮或含偶数氮的有机化合物的相对分子质量为偶数,含奇数氮的有机化合物的相对分子质量为奇数。分子离子一定是奇数电子离子。

(2) 利用碎片峰和同位素峰推测简单分子的结构。首先确定分子离子峰,推导分子式,计算不饱和度,再分析碎片离子,推测出结构单元和分子结构。

11.2 单元练习

1. 命名下列化合物或写出结构式。

(6) 邻苯二甲酸酐　　(7) 2-甲基丙烯酸甲酯　　(8) *N*,*N*-二甲基苯甲酰胺

2. 采用化学方法区别下列各组化合物。

(1) 苯甲酸、对甲苯酚、苄醇

(2) 乙酸、草酸、丙二酸

3. 指出下列反应的主要产物。

(1) $C_6H_5CH_2Cl \xrightarrow[\text{无水乙醚}]{Mg} ($　　　$) \xrightarrow[\text{②}H_2O]{\text{①}CO_2} ($　　　$) \xrightarrow{SOCl_2} ($　　　　$)$

(2) $CH_3CHO \xrightarrow{HCN} ($　　$) \xrightarrow[H_2O]{H^+} ($　　　$)$

(3)

$$\underset{\text{COOH}}{\bigcirc} \xrightarrow{\text{PCl}_5} (\qquad) \xrightarrow[\text{加热}]{\text{NH}_3} (\qquad) \xrightarrow[\text{NaOH}]{\text{Br}_2} (\qquad)$$

(4) $\text{O} \underset{\text{O}}{\overset{\text{O}}{\diamond}} \text{O} + \text{CH}_3\text{CH}_2\text{OH} \longrightarrow (\qquad)$

(5) $\text{CH}_3\text{CH}_2\overset{\text{O}}{\overset{\|}{\text{C}}}\text{—OC}_2\text{H}_5 \xrightarrow[\text{②H}_3\text{O}^+]{\text{①C}_2\text{H}_5\text{ONa}} (\qquad)$

(6) $\text{CH}_3\overset{\text{O}}{\overset{\|}{\text{C}}}\underset{}{\bigcirc}\overset{\text{O}}{\overset{\|}{\text{C}}}\text{—OC}_2\text{H}_5 \xrightarrow{\text{NaBH}_4} (\qquad)$

(7)

$$\underset{}{\overset{\text{CH}_2\text{Cl}}{\bigcirc}} \xrightarrow{\text{NaCN}} \xrightarrow{\text{LiAlH}_4} (\qquad)$$

(8) $\text{CH}_3\text{CH}_2\text{CH}_2\text{COOH} \xrightarrow[\text{P}]{\text{Br}_2} \xrightarrow[\text{H}_2\text{O}]{\text{OH}^-} (\qquad)$

4. 完成下列转化。

(1) 丙酸 $\longrightarrow$ 丁酸

(2) 溴苯 $\longrightarrow$ 苯甲酸乙酯

5. 化合物 A 和 B 都有水果香味,分子式均为 $C_4H_6O_2$,都不溶于 NaOH 溶液。当与 NaOH 溶液共热时,A 生成一种羧酸盐和乙醛,B 生成甲醇和化合物 C,C 酸化后得到化合物 D,D 能使溴的四氯化碳溶液褪色。写出化合物 A、B、C 和 D 的结构式及有关化学反应式。

11.3　典型题精解

1. 概念题。

(1) 比较下列羧酸的酸性强弱。

A. $\underset{\text{COOH}}{\bigcirc}$　　B. $\underset{\text{COOH}}{\overset{\text{Cl}}{\bigcirc}}$　　C. $\underset{\text{COOH}}{\overset{\text{NO}_2}{\bigcirc}}$　　D. $\underset{\text{COOH}}{\overset{\text{OMe}}{\bigcirc}}$

解　C>B>A>D。原因:吸电子共轭效应使酸性增强,推电子共轭效应使酸性减弱。

(2) 比较下列化合物发生水解反应的容易程度。

A. 苯甲酰氯　　　B. 苯甲酰胺　　　C. 邻苯二甲酸酐　　　D. 苯甲酸甲酯

解　A>C>D>B。原因:一般羧酸衍生物发生水解、醇解和氨解的速率顺序为:酰氯>酸酐>酯>酰胺。

(3) 比较下列酯进行碱性水解时的速率。

A. $\text{CH}_3\text{CH}_2\text{COOC}_2\text{H}_5$　　　　　　B. $(\text{CH}_3)_2\text{CHCOOC}_2\text{H}_5$

C. $\text{CH}_3\text{CH}_2\text{CH}_2\text{COOC}_2\text{H}_5$　　　D. $(\text{CH}_3)_3\text{CCOOC}_2\text{H}_5$

解　A>C>B>D。原因:酯进行碱性水解时为亲核加成-消除机理,α-碳上所连基团越多,亲核加成时的空间位阻越大,酯的水解速率越慢。

(4) 比较下列羧酸的酸性强弱。

A. CH_3CH_2COOH　　B. $(CH_3)_2CHCOOH$　　C. $CH_3CHClCOOH$　　D. $ClCH_2CH_2COOH$

解　C＞D＞A＞B。原因:氯原子的吸电子诱导效应使酸性增强,甲基的推电子诱导效应使酸性减弱,而且诱导效应会随距离的增加而迅速减弱。

2. 完成下列反应。

(1)

(2)

(3)

(4)

(5)

解　(1)因为苄基卤代烃远比苯基卤代烃活泼,所以亲核取代产物如下:

(2) 因为酰卤比酯活泼,所以亲核取代产物如下:

(3)

(4) $\dfrac{① B_2H_6}{② H_2O_2/OH^-}$, $\dfrac{① Mg}{② CO_2}$

(5)

3. 鉴别题(用简单化学方法鉴别下列一组化合物)。

A   B   C   D

解 分析:这些化合物中有羧基、酚羟基、酯和醚等官能团,羧基有酸性,可用 $NaHCO_3$ 鉴别,酚羟基可与 $FeCl_3$ 反应显紫色,也可溶于 NaOH,而酯和醚不发生这些反应,因此鉴别方法如下:

4. 合成题。

(1) 完成下列转化。

(2) 由丙酮和一个碳的有机物及其他无机试剂合成 2,2-二甲基丙酸。

解 (1) 分析:产物比原料少一个碳原子,且为羧酸,原料可以形成甲基酮结构,因此可以通过碘仿反应将原料转化成产物。

(2) 分析:产物比原料多两个碳原子,分别为—CH_3 和—COOH,而且都与 2 号碳原子相连,甲基可以通过酮与 Grignard 试剂(CH_3MgX)反应引入,羧基可以通过生成 Grignard 试剂后,再与 CO_2 反应引入(具体见羧酸的制备)。

5. 推导题。

化合物 A ($C_3H_4OCl_2$)与冷水作用生成酸性化合物 B ($C_3H_5O_2Cl$),A 与乙醇反应生成液体化合物 C($C_5H_9O_2Cl$),A 在水中煮沸可得化合物 D($C_3H_6O_3$);D 含有手性碳原子并且可以被乙酰化。试推断 A、B、C、D 的构造式。

解 通过计算可知,化合物 A 的不饱和度 $\Omega=1$,与冷水作用生成酸性化合物 B,说明 A 为酰氯,B 为羧酸,A 与乙醇反应生成的液体化合物 C 为酯。A 在水中煮沸可得化合物 D,D 含有手性碳原子并且可以被乙酰化,表明 D 含有羟基,而且该羟基与手性碳相连,因此 A、B、C、D 的构造式分别为

第 12 章　胺及其衍生物

12.1　知识要点

12.1.1　胺的命名

简单的胺以习惯命名法命名,在胺之前加上烃基的名称来命名。如果是仲胺和叔胺,当烃基相同时,在前面用二或三表示烃基的数目;当烃基不同时,则按次序规则较优基团的名称放在后面。对于季铵盐或季铵碱,其命名与上相同,在铵之前加上负离子的名称。

复杂的胺用系统命名法命名,将氨基作为取代基,以烃基或其他官能团作为母体,取代基按次序规则排列,较优基团后列出。

12.1.2　胺的结构

在氨和胺分子中氮是以 sp^3 杂化轨道和其他原子成键的,其中 3 个未成对电子分别占据着 3 个 sp^3 杂化轨道,每一个轨道与一个氢原子的 s 轨道或碳的杂化轨道重叠生成氨或胺,氮上还有一对孤电子对,占据另一个 sp^3 杂化轨道,处于棱锥体的顶端。

12.1.3　胺的碱性

影响胺类化合物碱性强弱的主要因素有:①水的溶剂化效应;②电性效应;③空间效应。溶剂化效应使其碱性强弱顺序为:伯胺＞仲胺＞叔胺,单一的电性效应使胺的碱性由强至弱顺序为(气相中):$R_3N＞R_2NH＞RNH_2＞NH_3$≫芳香胺,碱性强度(在水溶液中):二甲胺＞甲胺＞三甲胺。综合多种因素,各类胺碱性强弱的大致排列顺序为:季铵碱(强碱)≫脂肪胺($2°＞1°＞3°$)＞NH_3≫芳香胺。

12.1.4　胺的化学性质

1) 烷基化反应

$$RNH_2 \xrightarrow{R'X} \overset{+}{R}NH_2R'X^- \xrightarrow{OH^-} RNHR'$$

$$RNHR' \xrightarrow{R'X} \overset{+}{R}NHR'_2X^- \xrightarrow{OH^-} RNR'_2$$

$$RNR'_2 \xrightarrow{R'X} RN^+R'_3X^-$$

2) 酰化反应

$$RNH_2 + CH_3COCl \longrightarrow RNHCOCH_3 + HCl$$
$$R_2NH + CH_3COCl \longrightarrow R_2NCOCH_3 + HCl$$
$$R_3N + CH_3COCl \longrightarrow 不反应$$

3) 磺酰化反应

Hinsberg 反应,可用来鉴别和分离伯、仲、叔胺。

4）与亚硝酸反应

脂肪族伯胺的放氮反应：

$$CH_3CH_2CH_2NH_2 \xrightarrow{NaNO_2,\ HCl} CH_3CH_2CH_2\overset{+}{N}\equiv NCl^- \longrightarrow CH_3CH_2CH_2^+ + N_2\uparrow + Cl^-$$

醇、烯、卤代烃等

由于放出的氮气是定量的，因此可用作氨基的定量测定。

芳香族伯胺生成 N-亚硝基胺（黄色油状液体），它与稀硝酸共热时，水解成原来的仲胺，可用来分离或提纯仲胺。脂肪族叔胺一般无上述类似的反应。芳香族叔胺与亚硝酸作用，则发生环上亚硝化反应，生成对亚硝基取代产物。

5）Hofmann 消去反应

当 β-碳上有苯基、乙烯基、羰基等吸电子基团时，消除反应产物主要为 Saytzeff 产物。

6）芳香环上的亲电取代反应

氨基为强的给电子基团，活化苯环。苯胺及其衍生物的亲电取代反应极容易进行，在室温下就可以发生卤代、硝化、磺化反应。苯胺和溴水反应立即生成三溴苯胺的白色沉淀，可用来鉴定苯胺。

7）重氮盐的反应

芳香族伯胺与亚硝酸在低温及强酸（主要是盐酸或硫酸）水溶液中能发生重氮化反应，生成重氮盐。重氮盐的化学性质非常活泼，重氮基可以被—OH、—X、—CN、—H 等原子或基团取代，在反应中同时有氮气放出，这一反应在有机合成中非常有用，通过它可以将芳环上的氨基转化成其他基团。

偶合反应：重氮盐在弱碱性或中性溶液中与酚、芳香胺等具有强给电子基团的芳香化合物反应，生成偶氮化合物。偶合的位置一般在酚羟基或氨基对位，若对位被占，则在邻位上偶合。

对羟基偶氮苯（橘红色）

$$\underset{\text{}}{\boxed{}}\!-\!N^+\!\!\equiv\!NCl^- \quad + \quad \underset{\text{}}{\boxed{}}\!-\!N(CH_3)_2 \xrightarrow[0℃]{NaAc,H_2O} \underset{\text{}}{\boxed{}}\!-\!N\!=\!N\!-\!\underset{\text{}}{\boxed{}}\!-\!N(CH_3)_2$$

对(N,N-二甲基)氨基偶氮苯(黄色)

12.2　单元练习

1. 命名下列化合物。

(1) $(CH_3)_2\overset{\displaystyle NH_2}{\underset{\displaystyle |}{C}}CH(CH_3)_2$

(2) $CH_3CH_2CH_2N(CH_3)_2$

(3) $[(C_2H_5)_2N(CH_3)_2]^+OH^-$

(4) $H_2NCH_2(CH_2)_2CH_2NH_2$

(5) $\underset{\text{}}{\bigcirc}\!-\!\overset{\displaystyle C_2H_5}{\underset{\displaystyle |}{N}}CH_3$

(6) $Br\!-\!\underset{\text{}}{\boxed{}}\!-\!N(CH_3)_2$

2. 写出下列化合物的结构式。

(1) 氯化二甲基二乙基铵　　(2) 胆碱　　(3) 4-羟基-4′-溴偶氮苯

(4) N-甲基苯磺酰胺　　(5) 氯化对溴重氮苯　　(6) 乙酰苯胺

3. 将下列各组化合物按碱性强弱排列。

(1) 苯胺,对甲氧基苯胺,对氨基苯甲醛

(2) 甲酰胺,甲胺,尿素,邻苯二甲酰亚胺,氢氧化四甲铵

(3) $CH_3CH_2NHCH_2CH_3$, $\underset{\text{}}{\boxed{}}NH$, $\underset{\text{}}{\bigcirc}\!-\!NH_2$

4. 完成下列反应式。

(1) $\underset{\underset{H}{|}}{\overset{\overset{CH_3}{|}}{\underset{N}{\boxed{}}}}\xrightarrow[\text{过量}]{CH_3I}(\qquad)\xrightarrow[H_2O]{Ag_2O}(\qquad)\xrightarrow{\triangle}(\qquad)$

(2) $CH_3O\!-\!\underset{\text{}}{\boxed{}}\!-\!NHCH_3+CH_3COCl \longrightarrow (\qquad)$

(3) $\underset{\text{}}{\boxed{}}\!-\!NH_2 \xrightarrow[0\sim5℃]{NaNO_2,HCl}(\qquad)\xrightarrow[CH_3COONa]{\underset{\text{}}{\boxed{}}\!-\!N(CH_3)_2}(\qquad)$

(4) $\underset{\text{}}{\boxed{}}\xrightarrow[H_2SO_4]{HNO_3}(\qquad)\xrightarrow{Fe/HCl}(\qquad)\xrightarrow{CH_3\!-\!\underset{\text{}}{\boxed{}}\!-\!SO_2Cl}(\qquad)$

(5) $\underset{\text{}}{\boxed{}}\!-\!CONH_2 \xrightarrow{Br_2/NaOH}(\qquad)\xrightarrow[0\sim5℃]{NaNO_2,HCl}(\qquad)\xrightarrow{CuCN}(\qquad)\xrightarrow{H^+/H_2O}(\qquad)$

(6) $CH_3CH_2CN\xrightarrow{H^+/H_2O}(\qquad)\xrightarrow{SOCl_2}(\qquad)\xrightarrow{(C_2H_5)_2NH}(\qquad)\xrightarrow[②H_2O]{①LiAlH_4}(\qquad)$

5. 用化学方法区别下列各组化合物。

(1) $\underset{\text{}}{\boxed{}}\!-\!NH_2$　　$\underset{\text{}}{\boxed{}}\!-\!OH$　　$\underset{\text{}}{\boxed{}}\!-\!CHO$　　$\underset{\text{}}{\bigcirc}\!-\!NH_2$

(2) $\underset{\underset{CH_3}{|}}{\overset{\overset{NH_2}{|}}{\underset{\text{}}{\boxed{}}}}$　　$\underset{\text{}}{\boxed{}}\!-\!NHCH_3$　　$\underset{\text{}}{\boxed{}}\!-\!N(CH_3)_2$

6. 完成下列有机合成题(无机试剂可任选)。

(1) 由苯合成 1,3,5-三溴苯。

(2) 由苄醇合成苯酚。

(3) 由苯合成间氯溴苯。

(4) 由乙醇分别合成甲胺、乙胺、丙胺。

(5) 由苯合成对硝基苯甲酰氯。

(6) 由苯合成 Br—⟨ ⟩—N=N—⟨ ⟩—OH。

7. 化合物 A 的分子式为 $C_6H_{15}N$,能溶于稀盐酸,在室温下与亚硝酸作用放出氮气后得到 B;B 能进行碘仿反应。B 和浓硫酸共热得到分子式为 C_6H_{12} 的化合物 C;C 经臭氧氧化后再经锌粉还原水解得到乙醛和异丁醛。试推测 A、B、C 的结构式,并写出各步反应方程式。

8. 化合物 A 的分子式为 $C_7H_7NO_2$,与 Fe/HCl 反应生成分子式为 C_7H_9N 的化合物 B;B 和 $NaNO_2$/HCl 在 0～5℃反应生成分子式为 $C_7H_7ClN_2$ 的化合物 C;在稀盐酸中 C 与 CuCN 反应生成分子式为 C_8H_7N 的化合物 D;D 在稀酸中水解得到酸 E($C_8H_8O_2$);E 用高锰酸钾氧化得到另一种酸 F;F 受热时生成分子式为 $C_8H_4O_3$ 的酸酐。试推测 A、B、C、D、E、F 的结构式。

12.3 典型题精解

1. 将下列化合物按碱性大小顺序排列。

CH_3NH_2　　NH_3　　CH_3O—⟨ ⟩—NH_2　　⟨ ⟩—NH_2　　$(CH_3)_2NH$　　⟨ ⟩—NH—⟨ ⟩

解　由于烷基是给电子基团,所以脂肪胺碱性大于氨,考虑诱导效应、溶剂化效应和空间效应的关系,一般地,脂肪仲胺>脂肪伯、叔胺,对于芳香胺、氨基氮上未共用电子对参与苯环共轭体系,带有给电子基团的苯胺>苯胺>带有吸电子基团的苯胺。因而上述化合物的碱性顺序为

$(CH_3)_2NH$>CH_3NH_2>NH_3>CH_3O—⟨ ⟩—NH_2>⟨ ⟩—NH_2>⟨ ⟩—NH—⟨ ⟩

2. 解释下列反应过程,提出合理的反应历程。

⟨ ⟩—CH_2NH_2 $\xrightarrow{HNO_2}$ ⟨ ⟩—CH_2OH + ⟨ ⟩—OH + ⟨ ⟩

解　脂肪族伯胺与亚硝酸作用,生成的重氮盐很不稳定,失去氮气后形成碳正离子:

⟨ ⟩—CH_2NH_2 $\xrightarrow{HNO_2}$ [⟨ ⟩—$CH_2N_2^+$] $\xrightarrow{-N_2}$ ⟨ ⟩—CH_2^+

该碳正离子可以与水结合形成醇:

⟨ ⟩—$\overset{+}{CH_2}$ $\xrightarrow{H_2O}$ ⟨ ⟩—$CH_2\overset{+}{O}H_2$ $\xrightarrow{H^+}$ ⟨ ⟩—CH_2OH

由于四元环张力较大,易重排成更稳定的五元环碳正离子,然后与水结合形成醇:

⟨ ⟩—CH_2^+ ⟶ ⟨ ⟩$^+$ $\xrightarrow[-H^+]{H_2O}$ ⟨ ⟩—OH

或失去 β-氢,形成烯烃:

3. 用适当的化学方法鉴别苯胺、苯酚和环己胺。

解 氨基和羟基为强致活的第一类定位基,能使苯环上的电子云密度增加,极易发生亲电取代反应,滴加溴水即可生成白色沉淀物 2,4,6-三溴苯胺(或苯酚),苯酚由于结构中含有烯醇结构,可以使 $FeCl_3$ 显色,其鉴别过程可表示如下:

4. 如何由甲苯制备间溴甲苯?

解 —CH_3 是第一类定位基,不能采取直接溴代的方法将溴引入苯环,需要先引入导向基,导向基的定位能力应该比甲基强,这样就可以使—CH_3 和—Br 处于间位,然后将导向基除去。—NH_2 是很好的导向基,容易上去,也容易通过重氮化除去,但是定位能力太强,易形成多溴代产物,因而需要将氨基钝化,形成乙酰氨基后才能满足上述要求,其合成路线表示如下:

5. 化合物 A 的分子式为 $C_{11}H_{15}NO_2$,既溶于稀酸,又溶于稀碱,加入亚硝酸钠的盐酸溶液,转变为 B,分子式为 $C_{11}H_{14}O_3$,B 溶于稀碱并有碘仿反应,与浓硫酸共热得 C,分子式为 $C_{11}H_{12}O_2$,C 经臭氧氧化、Zn/H_2O 还原后生成 D 和乙醛,D 发生碘仿反应生成易脱水的 E,分子式为 $C_8H_6O_4$。试推测 A～E 的结构式。

解 推测结构式时,通常采用倒推法分析。根据 E 的分子中可能含有苯环,又易脱水,可能是邻位有两个羧基的化合物,E 是邻苯二甲酸;D 是臭氧氧化、Zn/H_2O 还原后生成的产物,而且能发生碘仿反应,则可推断 D 是一个甲基酮,为邻乙酰基苯甲酸;根据 C 的分子式及与 D 之间的反应关系,可以推测出 C 的结构式,根据反应关系进而推出 A,B 的结构。

第 13 章 碳水化合物

13.1 知识要点

13.1.1 单糖的结构

1）单糖结构的书写

单糖开链异构体的构型都可以用 Fischer 投影式来表示,但为了书写方便,也可以写成结构简式。单糖的环状结构常用 Haworth 式表示。D-(+)-吡喃葡萄糖常见的几种表示方法示例为

(注:△代表 CHO,竖线代表碳链,长横线代表 CH$_2$OH,短横线代表 OH)

α-D-(+)-吡喃葡萄糖   β-D-(+)-吡喃葡萄糖

2）D/L 构型和 R/S 构型

R/S 构型是手性碳绝对构型的表示方法,使用时必须标出每个手性碳的构型。而单糖的 D/L 构型的标记,只与链的羟甲基端的一个手性碳原子的构型有关。例如,开链单糖的 D/L 相对构型的标记,只取决于 Fischer 投影式离羰基最远的那个手性碳原子的构型:其羟基向右的为 D 型,向左的为 L 型。单糖的环状结构常用 Haworth 式表示时,其 D/L 构型判断方法见《有机化学(第四版)》(董先明等,科学出版社,2017)。

3）构象与稳定性

判断单糖构象稳定性时,需要复习并运用以前学过的取代环己烷的构象稳定性的分析方法。

13.1.2 单糖的化学性质

1）差向异构化反应

在碱性条件下,糖的醛、酮基团的互变异构。

2）成酯和成醚反应

糖的羟基具有醇的性质,可成酯和成醚。其中糖的半缩醛(酮)羟基与另一含活泼 H 的化合物(如—OH,H$_2$N—,HS—等)脱水生成糖苷(glycoside)的反应。

3）成脎反应

单糖和过量的苯肼一起加热即生成糖脎,成脎反应只发生在 C$_1$ 和 C$_2$ 上,不涉及其他碳原子。

4) 氧化反应（弱氧化剂、溴水、稀硝酸）

（1）显色反应（醛酮糖）。Tollens 试剂——银镜反应；Bebedict 试剂或 Fehling 试剂——Cu_2O 红色沉淀。

（2）与溴水反应。醛糖——→CHO——→COOH

（3）与稀硝酸反应。醛糖两端同时氧化，生成—COOH。

5) 还原反应

糖的羰基还原 C＝O——→CH—OH，常用的还原剂有 $NaBH_4$、H_2/Ni 等。

6) 显色反应

Molisch 反应：所有的糖都能与浓硫酸和 α-萘酚反应生成紫色物质，是鉴别碳水化合物的最简便的方法。此外，还有 Seliwanoff 反应、Bial 反应、蒽酮反应等可用来区别不同类型的糖。

13.1.3　二糖的结构与性质

1) 还原性二糖

还原性二糖：一分子单糖的苷羟基（半缩醛羟基）与另一分子单糖的羟基失水缩合而成的二糖。具有一般单糖的性质：能与苯肼成脎，有变旋现象和还原性，如麦芽糖。

2) 非还原性二糖

非还原性二糖：通过两个苷羟基缩合而成的二糖，不能与 Tollens 试剂和 Fehling 试剂反应（无游离的醛基），不能与苯肼反应，无变旋现象，如蔗糖。

13.2　单 元 练 习

1. 写出下列化合物的 Haworth 透视式。

（1）α-D-葡萄糖　　　　（2）β-D-呋喃果糖

2. 下列化合物中哪些没有变旋现象？

3. 下列化合物中，哪些能将 Fehling 试剂还原？说明理由。

(2)

(3) CH₂OH
    |
    C=O
    |
    CH₂OH

(4) CH₂OH
    |
    (CHOH)₃
    |
    CH₂OH

(5) O
    ‖
    C
    |
    (CHOH)₃ O
    |
    CH
    |
    CH₂OH

(6) OCH₃
    |
    CH
    |
    (CHOH)₃ O
    |
    CH
    |
    CH₂OH

4．用化学方法鉴别下列各组化合物。

（1）蔗糖与麦芽糖　　　　　　（2）葡萄糖与果糖

5．有两个具有旋光性的 L-丁醛糖（A）和（B），与苯肼作用生成相同的脎；用硝酸氧化后都生成二羟基丁二酸，但（A）的氧化产物具有旋光性而（B）的氧化产物不具旋光性。试推测（A）和（B）的结构。

6．确定下列单糖的构型（D、L），并指出它们是 α 式还是 β 式。

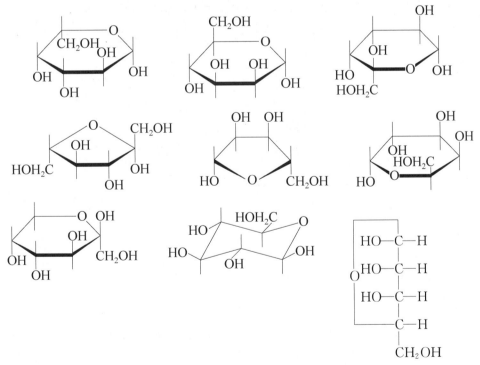

13.3 典型题精解

1. 写出 α-D-甘露糖的 Haworth 透视式。

解 糖的结构有开链式、环氧式、Haworth 透视式等不同的表示方式,如果全部记忆,将会有不小的记忆量,通常我们只记忆常见单糖的开链式结构,环氧式、Haworth 透视式可以从开链式快速转化而得。步骤如下:

(1) 先写出 D-甘露糖的开链式结构(Fischer 投影式)。

(2) 再写出 α-D-甘露糖的环氧式结构。

(3) 将 α-D-甘露糖的环氧式结构转化为 Haworth 透视式。

Haworth 透视式中,环从氧到半缩醛羟基的方向为顺时针时,Fischer 投影式右边的基团放在 Haworth 透视式的环平面之下,而左边的基团放在 Haworth 透视式的环平面之上;同时,D 构型需把末端羟甲基(第 5 个碳上所连的羟甲基)置于 Haworth 透视式的环平面之上,而 α 构型则需将此末端羟甲基与半缩醛羟基放在环平面的异侧。

2. 下列化合物能否将 Fehling 试剂还原? 有没有变旋现象?

解 (1) 此二糖中的两个单糖通过 α-1,4-糖苷键连接,右边的单糖仍然保留有半缩醛羟基,在水溶液中可以自动开环形成醛基,因此具有还原性,能将 Fehling 试剂还原;同时由于开环可以形成环式结构和开链式结构互变异构平衡,因此也具有变旋现象。

α-1,4-糖苷键

（2）此化合物为糖苷，半缩醛羟基已与甲醇形成糖苷键，在水溶液中不可以自动开环形成醛基，因此不具有还原性，不能将 Fehling 试剂还原，同时也不具有变旋现象。

$$
\begin{array}{l}
\text{OCH}_3 \quad \text{半缩醛羟基} \\
\text{CH} \quad\quad \text{与甲醇形成} \\
(\text{CHOH})_3\ \text{O} \quad \text{的糖苷键} \\
\text{CH} \\
\text{CH}_2\text{OH}
\end{array}
$$

3. 确定下列单糖的构型(D、L)，并指出它们是 α 式还是 β 式。

解 该化合物 Haworth 透视式中，环上由氧到半缩醛羟基的方向为逆时针，末端羟甲基在环平面之下，为 D 构型；而半缩醛与末端羟甲基在环平面同侧，则为 β 构型。

半缩醛羟基

末端羟甲基

4. 写出 β-D-甘露糖与下列试剂反应的反应式。

（1）乙醇(干燥 HCl)   （2）稀硝酸

解 （1）这是糖的环式结构的反应，生成对应构型的糖苷(环式产物)。

半缩醛羟基

$+C_2H_5OH \xrightarrow{\text{无水HCl}}$

配基

糖苷键

糖基

（2）这是糖的开链式结构的反应。β-D-甘露糖在水溶液中同样存在环式结构与开链式结构的互变异构平衡，在强氧化剂稀硝酸的作用下，其中的开链式的头尾两个官能团被氧化生成二酸，生成开链式的产物。

D-甘露糖二酸

5. 完成下列反应。

解　苷键比一般的醚键容易水解。在稀酸的作用下，可以水解为单糖和其他含羟基的化合物（非糖体）；而且由于单糖水溶液中，开链式结构与环氧式结构的互变异构平衡的存在，不管是 α 型，还是 β 型的糖苷，水解后均同时生成 α 型和 β 型单糖的混合物。

（1）

（2）

第 14 章　杂环化合物

14.1　知 识 要 点

14.1.1　杂环化合物的分类与命名

（1）分类。两种分类方法：①根据母核骨架可以分为单杂环和稠杂环；②根据是否有芳香性分为芳香环和非芳香环。

重点　芳香性的判断：处于共轭体系中的 π 电子是否满足 $4n+2$。

（2）命名。杂环化合物的中文名称是以口字旁标明其为杂环，另半部分表明杂原子的种类。如果杂环上有取代基时，按照以下规则编号：①含一个杂原子的杂环从杂原子开始编号；②含有两个或多个杂原子的杂环，编号时应该使杂原子的位次尽可能的小，并且按 O、S、NH、N 的顺序决定优先原子。两个杂原子相同时，从连有 H 的原子开始编号。

14.1.2　杂环化合物的结构特征

（1）五元杂环。在芳环中，所有成环原子都以 sp^2 杂化轨道重叠形成 σ 键；未杂化的 p 轨道都互相平行重叠，形成环状闭合共轭体系。五元杂环是 5 个原子共用 6 个电子的共轭体系（碳原子带一个电子，杂原子带一对电子）。

（2）六元杂环。六元芳环中，环中的碳原子和杂原子都以 sp^2 杂化轨道相互重叠形成 σ 键相连，余下的 p 轨道相互平行重叠，形成 6 个原子 6 个电子的共轭体系，但是会存在电子云密度分布不均。

14.1.3　杂环化合物的反应

（1）酸碱性。五元芳环中的吡咯：其碱性很弱，比芳香胺还弱，原因是：氮原子上的电子云密度降低，吸引质子的能力减弱。其酸性也很弱，比苯酚要弱，只有与 KOH 溶液共热才能反应。

六元芳环中的吡啶：氮原子上的孤电子对未参与闭合共轭体系，同时，环上的电子云也偏向于电负性较大的氮原子，因此与质子结合的能力较强，具有碱性。可以与酸形成稳定的盐类。

（2）亲电取代。五元杂环：芳杂环化合物有芳香性，能进行亲电取代反应。根据电子云密度，可以对各种物质的反应活性进行排列：吡咯＞呋喃＞噻吩＞苯，环上 α-位的电子云密度比 β-位更高，所以更容易发生反应。注意：吡咯一般是四取代产物。

六元杂环：六元杂环是缺电子体系，所以发生亲电取代反应要比苯困难，而且一般发生在 β-位。

（3）氧化反应。五元杂环：富电子芳环极易被氧化，氧化导致环的破裂或聚合物的生成。

六元杂环：对氧化剂比较稳定，比苯难氧化。但是，环上的侧链容易被氧化。

（4）还原反应。五元环和六元环都含有不饱和键，可以发生催化加氢反应。

（5）盐酸松木片反应。呋喃遇盐酸浸湿的松木片反应呈绿色；吡咯成红色；噻吩无此反应。

14.1.4 生物碱

生物碱是一类存在于植物中，对人和动物有强烈生理效应的碱性含氮化合物，也常被称为植物碱。

大多数的生物碱是无色有苦味的晶体，一般都有旋光性，一般易溶于有机溶剂，除少数生物碱以外，大部分不溶于水。提取生物碱一般有三种方法：加酸-碱提取法，加碱提取法，蒸馏法。

14.2 单元练习

1. 命名下列化合物。

2. 比较下列化合物碱性的相对强弱，说明理由。
（1）吡咯和四氢吡咯
（2）吡啶和六氢吡啶
（3）苯胺、吡啶、甲胺、氨、吡咯

3. 完成下列反应。

(8)

$$\underset{O}{\boxed{}}CH_3 \xrightarrow{\text{H}_2/\text{Ni}} (\qquad\qquad)$$

(9)

$$\underset{N}{\boxed{}}+CH_3I \longrightarrow (\qquad\qquad)$$

(10)

$$\underset{N}{\boxed{}} \xrightarrow[\text{加热}]{\text{HNO}_3} (\qquad\qquad)$$

(11)

$$\underset{N}{\boxed{}}-CH_3 \xrightarrow[\text{加热}]{\text{HNO}_3} (\qquad\qquad)$$

(12)

$$\underset{N}{\boxed{}}-COOH \xrightarrow[\text{加热}]{\text{NH}_3} (\qquad\qquad)$$

(13)

$$\underset{N}{\boxed{}}-CONH_2 \xrightarrow{\text{Br}_2/\text{NaOH}} (\qquad\qquad)$$

(14)

$$\underset{N}{\boxed{}} \xrightarrow[\text{300℃,24h}]{\text{浓 H}_2\text{SO}_4/\text{浓 HNO}_3} (\qquad\qquad)$$

14.3 典型题精解

1. 吡喃是否具有芳香性？说明理由。

解 吡喃不具有芳香性,因为吡喃环中 4-位 CH_2 的碳是 sp^3 杂化的,与环上其他原子不共平面,没有参与共扼,不能形成环状的闭合的共轭体系,不符合芳香性产生的条件(Hückel 规则)。

$$sp^3 \quad {}_4\underset{3}{\boxed{}}{}^5\overset{6}{\underset{2}{}}O_1$$

2. 喹啉发生硝化反应时,硝基取代在苯环上还是取代在吡啶环上？为什么？

解 喹啉发生硝化反应时,硝基取代在苯环上。因为喹啉是含有一个杂原子的六元环苯并体系,体系中苯环与吡啶环上所有 π 电子形成一个相互重叠的大 π 键体系,但电子云密度分布不是很均匀,由于分子中杂原子的吸电子效应,苯环上的电子云密度比吡啶环相对高些,喹啉的亲电取代反应即容易发生在电子云密度较高的苯环上。

3. 比较下列化合物碱性的相对强弱,说明理由。

(1) 吡咯和四氢吡咯　　　　(2) 吡啶和六氢吡啶

解 (1) 吡咯＜四氢吡咯。因为吡咯中的 N 上孤电子对参与环上共扼,与环上碳原子的电子云发生平均化作用,使 N 上的电子云密度比四氢吡咯小,不容易接受质子,因此体现较弱的碱性。

(2) 吡啶＜六氢吡啶。因为两者 N 上孤电子对均未参与共扼,无共轭效应的影响,但吡啶中的 N 原子是 sp^2 杂化,六氢吡啶中的 N 原子是 sp^3 杂化,采取 sp^2 杂化的碳原子的电负性比 sp^3 杂化的碳原子的电负性大,吸电子能力强,使吡啶中 N 上电子云密度小,不容易接受质子,碱性弱。

4. 下列化合物中,没有芳香性的是(   )。

A.   B.   C.   D.

解 D。因为 D 环上带正电的碳的 p 轨道是空轨道,因此,环状闭合的共轭体系中,π 电子数只有 4 个,不符合 Hückel 规则要求的 $4n+2$ 个,也就没有芳香性。

5. 完成下列反应。

(1)

(2)

解 (1)

(2)

第 15 章　氨基酸、蛋白质和核酸

15.1　知 识 要 点

15.1.1　氨基酸

1) 氨基酸的分类、结构和命名

氨基酸是羧酸分子中烃基上的氢原子被氨基(—NH_2)取代后的衍生物。构成蛋白质的氨基酸有 30 余种,主要是 α-氨基酸,其结构通式为 $\underset{\underset{NH_2}{|}}{RCHCOOH}$,其构型一般都是 L 型。

氨基酸多采用俗称的方法来命名。

2) 氨基酸的性质

(1) 两性与等电点。在一般情况下,氨基酸没有游离的羧基和氨基,而以偶极离子形式出现,或称为两性离子。当氨基酸的酸性解离和碱性解离的程度正好相等,这种状态下的溶液的 pH 被称为该氨基酸的等电点(isoelectric point,pI)。

(2) 氨基和羧基的反应。氨基酸是双官能团化合物,氨基可与亚硝酸、甲醛、2,4-二硝基氟苯发生反应,还可以被双氧水或高锰酸钾等氧化剂氧化,生成 α-亚氨基酸,然后进一步水解,脱去氨基生成 α-酮酸。羧基可以与醇反应,还可以加热脱羧。

(3) 与水合茚三酮反应生成蓝紫色物质。除脯氨酸外,该反应很灵敏,是鉴定 α-氨基酸最为迅速简便的方法。

15.1.2　蛋白质

(1) 蛋白质的组成与结构。蛋白质分子是由 α-氨基酸经首尾相连形成的多肽链,肽链在三维空间具有特定的复杂而精细的结构。蛋白质的结构通常分为一级结构、二级结构、三级结构和四级结构四种层次,蛋白质的二级、三级、四级结构统称蛋白质的空间结构或高级结构。

(2) 蛋白质的性质。具有两性和胶体性质。在酸性或碱性的条件下水解,最终形成多种 α-氨基酸。盐析、加热、加脱水剂、加入某些生物碱等能发生沉淀现象。

当蛋白质在某些物理和化学因素影响下,如加热、加压、超声、光照、辐射、振荡、搅拌、干燥;脱水或强酸、强碱、重金属盐及有机溶剂乙醇、丙酮、脲等作用下,缔合的肽链松展开来,它的多级空间结构受到破坏而不复存在,发生变性。

蛋白质还能发生显色反应,如遇浓硝酸显黄色,与茚三酮反应均能生成蓝紫色物质等。

15.1.3　酶的结构与性质

从化学组成及其理化性质的分析结果来看,酶是蛋白质。可根据其化学组成分为单纯酶和结合酶两大类。酶作为一种特殊的催化剂,除具有一般催化剂的共性(如反应前后酶本身没有量的改变,只加速反应而不改变反应平衡等)外,还有催化效率极高、专一性(选择性)

高、反应条件温和等特点。

15.1.4 核酸的组成与结构

核酸是由许多核苷酸聚合而成的。将核苷酸用核苷酸酶水解后得到磷酸和由嘌呤或嘧啶类的杂环碱和戊糖所组成的核苷。核酸分为核糖核酸（RNA）和脱氧核糖核酸（DNA）。在 DNA 的双螺旋中，A（腺嘌呤）与 T（胸腺嘧啶）配对，G（鸟嘌呤）与 C（胞嘧啶）配对。RNA 的碱基主要是 A、G、C 和 U（脲嘧啶）四种。

15.2 单元练习

1. 给出下列各步反应中的中间体和产物的结构式。

(1) $CH_3CO_2C_2H_5 + (CO_2C_2H_5)_2 \xrightarrow{NaOC_2H_5} A \xrightarrow{稀 H_2SO_4} B \xrightarrow[H_2/Pt]{NH_3} C$

(2) $CH_2 =\!\!=CHCHO \xrightarrow{CH_3SH} A \xrightarrow[HCN]{NH_3} B \xrightarrow{H_3O^+} CH_3SCH_2CH_2CH(NH_2)CO_2H$

(3) $PhCH_2OCOCl + H_2NCH_2CO_2H \longrightarrow A \xrightarrow[DCC]{对硝基苯酚} B \xrightarrow{CH_3CH(NH_2)CO_2H} C \xrightarrow[Pt]{H_2} D$

(4) $CH_3CONHCH(CO_2C_2H_5)_2 + H_2C =\!\!=CHCHO \longrightarrow A \xrightarrow[HAc]{KCN} B(C_{13}H_{20}O_6N_2)$

$\xrightarrow{H_3O^+} C \xrightarrow{H_2} D \xrightarrow{Ac_2O} E \xrightarrow[② H_3O^+]{① OH^-} (\pm)\text{-赖氨酸}$

(5)

$\xrightarrow{-EtOH} A \xrightarrow{OH^-} B \xrightarrow{(CH_3)_2CO} C$

$\xrightarrow[py]{(C_6H_5CH_2O)_2PCl} D \xrightarrow{H_3O^+} E \xrightarrow{H_2/Pd} \text{尿嘧啶核苷-5'-磷酸}$

2. 给出丙氨酸和下列各试剂反应后得到的产物。

(1) $NaOH/H_2O$ (2) HCl/H_2O (3) $C_6H_5CH_2OCOCl$ (4) $(CH_3CO)_2O$
(5) $NaNO_2/HCl$ (6) $CH_2 =\!\!=C =\!\!=O$ (7) $CH_2N =\!\!=C =\!\!=S$ (8) $(CH_3)_2SO_4$

15.3 典型题精解

1. 写出丝氨酸与下列试剂的反应产物。

(1) 茚三酮   (2) DNFB   (3) CH_3OH, HCl (4) 邻苯二甲酸酐

解 (1)

（3） $HOCH_2\underset{\underset{+}{NH_3}}{\overset{}{CH}}COOCH_3$

（4）

$$\underset{O}{\overset{COOH}{\underset{\|}{C}}}-NH\underset{}{CH}CH_2OH$$

（苯环上邻位：COOH 和 C(=O)—NHCHCH₂OH，其中 CH 上有 COOH）

2. 用适当原料合成下列氨基酸。

（1） $CH_3CH_2CH_2CH_2\underset{NH_2}{\overset{}{CH}}COOH$

（2） $HOOCCH_2CH_2\underset{NH_2}{\overset{}{CH}}COOH$

解 分析：氨基酸的制备方法有很多种，以丙二酸酯法最常用，该方法又分为邻苯二甲酰亚胺丙二酸酯法和乙酰氨基丙二酸酯法（具体参见：王积涛，有机化学，南开大学出版社，2003 年第 2 版，p662），前者可用如下反应通式表示：

$$\text{（邻苯二甲酰亚胺钾）}NK + BrCH(COOC_2H_5)_2 \longrightarrow N-CH(COOC_2H_5)_2 \xrightarrow{NaOC_2H_5}$$

$$N-\overset{-}{C}(COOC_2H_5)_2 \xrightarrow{RX} N-\overset{R}{\underset{}{CH}}(COOC_2H_5)_2 \xrightarrow[H_2O]{OH^-}$$

$$H_2N-\overset{R}{\underset{}{C}}(COOC_2H_5)_2 \xrightarrow{H^+} R-\overset{NH_2}{\underset{}{CH}}COOH$$

（1）

$$NK+BrCH(COOC_2H_5)_2 \longrightarrow N-CH(COOC_2H_5)_2 \xrightarrow{NaOC_2H_5}$$

$$N-\overset{-}{C}(COOC_2H_5)_2 + CH_3CH_2CH_2CH_2Br \longrightarrow N-\overset{CH_2CH_2CH_2CH_3}{\underset{COOC_2H_5}{C-COOC_2H_5}} \xrightarrow[H_2O]{OH^-}$$

$$H_2N-\overset{CH_2CH_2CH_2CH_3}{\underset{}{C}}(COOC_2H_5)_2 \xrightarrow[\text{加热}]{H^+} \text{T. M.}$$

（2）

$$N-\overset{-}{C}(COOC_2H_5)_2 + CH_2=CHCOOC_2H_5 \longrightarrow N-\overset{CH_2CH_2COOC_2H_5}{\underset{COOC_2H_5}{C-COOC_2H_5}}$$

$$\xrightarrow[H_2O]{OH^-} H_2N-\overset{CH_2CH_2COOC_2H_5}{\underset{}{C}}(COOC_2H_5)_2 \xrightarrow[\text{加热}]{H^+} \text{T. M.}$$

综合练习题及参考答案

综合练习题(Ⅰ)

一、单项选择题(每小题 2 分,共 50 分)

1. 1,2-二氯乙烷的优势构象为(　　　)。

2. 某化合物结构式如下,其中编号为 3 的 C 原子杂化类型是(　　),该化合物(　　)手性。

$$H_3C \overset{1}{\underset{}{}}\quad \overset{5}{\underset{}{CH_3}}$$

$$\underset{H}{\overset{2}{C}}=\underset{}{\overset{3}{C}}=\underset{H}{\overset{4}{C}}$$

　　A. sp^2,有　　　　　B. sp,有　　　　　C. sp^2,没有　　　　　D. sp,没有

3. 化合物

$$\begin{array}{c} H_3CH_2C \qquad\qquad H \\ \diagdown\quad C=C\quad\diagup \\ H_3C \qquad\qquad CHCOOH \\ \qquad\qquad\qquad | \\ \qquad\qquad\qquad OH \end{array}$$

的系统命名法名称为(　　　)。

　　A. (Z)-2-羟基-4-甲基-3-己烯酸　　　　　B. (E)-2-羟基-4-甲基-3-己烯酸

　　C. (Z)-4-甲基-2-羟基-3-己烯酸　　　　　D. (E)-4-甲基-2-羟基-3-己烯酸

4. 下列碳正离子最稳定的是(　　　)。

　　A. $CH_3\overset{+}{C}HCH_3$　　　　　　　　　　B. $CH_2{=}CH{-}\overset{+}{C}HCH_3$

　　C. $CH_2{=}CH{-}CH_2\overset{+}{C}H_2$　　　　　D. $CH_2{=}CH{-}\overset{+}{C}H{-}$⟨苯基⟩

5. 下列 1-甲基-3-叔丁基环己烷的椅式构象中能量最低的为(　　　)。

　　A.　　　B.　　　C.　　　D.

6. 化合物 $H_2N{-}$⟨苯环,COOH,OH⟩ 的系统命名法名称为(　　　)。

　　A. 2-羟基-4-氨基-苯甲酸　　　　　　　B. 4-氨基-2-羟基-苯甲酸

　　C. 2-羧基-5-氨基-苯酚　　　　　　　　D. 4-羧基-3-羟基-苯胺

— 76 —

7. 化合物 $CH_2=CH-\overset{\overset{\displaystyle OH}{|}}{\underset{\underset{\displaystyle CH_3}{|}}{C}}-H$ 的系统命名法名称为（　　　　）。

A. (R)-3-羟基-1-丁烯　　　　　　　　B. (R)-3-丁烯-2-醇

C. (S)-3-羟基-1-丁烯　　　　　　　　D. (S)-3-丁烯-2-醇

8. 下列化合物不具有芳香性的是（　　　　）。

9. 下列化合物中最容易发生亲电取代反应是（　　　　）。

A. ⟨苯环⟩—CH_3　　B. ⟨苯环⟩—CH_2NO_2　　C. CH_3—⟨苯环⟩—NO_2　　D. ⟨苯环⟩—NO_2

10. 下列化合物中有手性碳原子，但没有旋光性的是（　　　　）。

11. 下列化合物能与 $AgNO_3$-乙醇溶液反应生成黄色沉淀的是（　　　　）。

A. C_6H_5Br　　　　　　　　　　　　B. $(CH_3CH_2)_3CBr$

C. $CH_3CH=CHBr$　　　　　　　　　D. $CH_2=CHCHClCH_3$

12. 下列描述不属于 S_N1 反应的是（　　　　）。

A. 中间体是碳正离子　　　　　　　　B. 产物的绝对构型完全转化

C. 叔卤代烷比仲卤代烷反应快　　　　D. 有重排产物生成

13. 能将丙醇、2-丙醇、2-甲基-2-丙醇鉴别开的试剂是（　　　　）。

A. 金属钠　　　　B. $KMnO_4$　　　　C. Lucas 试剂　　　　D. 苯磺酰氯和 NaOH

14. 下列化合物与饱和 $NaHSO_3$ 反应时，反应活性由大到小的顺序是（　　　　）。

① CCl_3CHO　　　　② CH_3COCH_3　　　　③ $C_6H_5COCH_2CH_3$　　　　④ CH_3CHO

A. ③＞②＞①＞④　　B. ①＞④＞②＞③　　C. ②＞④＞③＞①　　D. ④＞③＞②＞①

15. 下列化合物酸性最强的是（　　　　）。

A. $\underset{\underset{\displaystyle F}{|}}{CH_3CH}COOH$　　B. $\underset{\underset{\displaystyle Cl}{|}}{CH_3CH}COOH$　　C. $\underset{\underset{\displaystyle Br}{|}}{CH_3CH}COOH$　　D. CH_3CH_2COOH

16. 下列化合物中能与 $FeCl_3$ 发生显色反应的是（　　　　）。

A. $CH_3COCH_2CH_2COOCH_3$　　　　　B. $CH_3COOC_2H_5$

C. $CH_3COCH_2COOC_2H_5$　　　　　　D. CH_3COCH_3

17. 下列化合物不能发生碘仿反应的是（　　　　）。

A. CH_3CH_2CHO　　　　　　　　　　B. $CH_3CH(OH)CH_2CH_2CH_3$

C. $C_6H_5COCH_3$　　　　　　　　　　D. $CH_3CH_2COCH_3$

18. 通过 Grignard 试剂与醛酮反应制备 3-戊醇的原料是（　　　　）。

A. 乙醛和 n-C_3H_7MgBr　　　　　　B. 丙醛和 C_2H_5MgBr

C. 丙酮和 C_2H_5MgBr　　　　　　　D. 丙醛和 n-C_3H_7MgBr

19. H₃C—〈benzene ring〉—C(=O)—NHCH₃ 的系统命名法名称为（　　　）。

A. N,N-二甲基苯甲酰胺
B. N-甲基-4-甲基苯甲酰胺
C. 4-甲基-N-甲基苯甲酰氨
D. 4-(甲氨甲酰基)甲苯

20. 下列化合物最容易发生水解反应的是（　　　）。

A. 丙酰氯　　　　　B. 甲丙酐　　　　　C. 乙酸乙酯　　　　　D. 尿素

21. 下列化合物碱性最强的是（　　　）。

A. 邻苯二甲酰亚胺　　B. 二乙胺　　　　　C. 吡啶　　　　　　D. 吡咯

22. 尿酸 〈结构式〉 的系统命名法名称为（　　　）。

A. 1,3,6-三羟基嘌呤
B. 2,4,6-三羟基嘌呤
C. 1,3,5-三羟基嘌呤
D. 2,6,8-三羟基嘌呤

23. 下列化合物中,水溶性最好且沸点最高的是（　　　）。

A. 丙醇　　　　　B. 丙醛　　　　　C. 丙酮　　　　　D. 丙酸

24. β-D-核糖的结构是（　　　）。

A.　　　　　　　　　　　B.

C.　　　　　　　　　　　D.

25. 下列哪种糖为非还原性糖（　　　）。

A. 麦芽糖　　　　　B. 蔗糖　　　　　C. 果糖　　　　　D. 甘露糖

二、完成下列反应式(每空 1 分,共 20 分)

1. 〈环己基〉—CH₂CH=CH₂ $\xrightarrow{B_2H_6}$ $\xrightarrow{H_2O_2/OH^-}$ (　　　　　)

2. 〈环己基〉—CH=CH₂ $\xrightarrow[h\nu]{Br_2}$ (　　　) $\xrightarrow[C_2H_5OH]{NaOH}$ (　　　　　)

3. 〈环戊二烯〉 + 〈顺式 COOEt/COOEt〉 $\xrightarrow{加热}$ (　　　　　)

4. (CH₃)₂CH—〈苯环〉 $\xrightarrow{(\quad)}$ (　　　) $\xrightarrow{(\quad)}$ 〈Cl-苯环〉—COOH

5. 〈苯环〉—ONa + Br—〈苯环〉—CH₂Br ⟶ (　　　　　)

6. 〈苯环〉—CHO + (CH₃)₂CHCHO $\xrightarrow{稀\ NaOH}$ (　　　　　)

7. Br—⟨benzene⟩—COOH $\xrightarrow{SOCl_2}$ ( ) $\xrightarrow[AlCl_3]{C_6H_6}$ ( )

8. ⟨benzene⟩—CONH$_2$ $\xrightarrow{Br_2/NaOH}$ ( ) $\xrightarrow{C_6H_5SO_2Cl}$ ( )

9. $HOCH_2CH_2CH_2Cl \xrightarrow{NaCN}$ ( ) $\xrightarrow{H_3O^+}$ ( )

10. $CH_3\overset{O}{\overset{\|}{C}}$—⟨benzene⟩—C≡CH $\xrightarrow[HgSO_4/H_2SO_4]{H_2O}$ ( ) $\xrightarrow{NaBH_4}$ ( )

11. ⟨Br—benzene—Cl⟩ $\xrightarrow[\text{无水乙醚}]{Mg}$ ( ) $\xrightarrow[②H_2O]{①CO_2}$ ( ) $\xrightarrow[H_2SO_4]{C_2H_5OH}$ ( )

三、用简便且能产生明显现象的化学方法鉴别下列化合物(共 10 分)

1. (3 分)苯乙炔、苯乙烯、乙苯

2. (4 分)丁醛、丁酮、丁醇、丁酸

3. (3 分)苯酚、苯胺、N-甲基苯胺

四、合成题(每小题 5 分,共 10 分)

1. 由丙烯为原料合成 2-甲基-1-丙醇(不能选用其他有机试剂,无机试剂任选)。

2. 以苯为原料合成间氯苯酚(无机试剂任选)。

五、推断题(共 10 分)

1. 化合物 A 的分子式为 $C_7H_7NO_2$,与 Fe/HCl 反应生成分子式为 C_7H_9N 的化合物 B;B 和 $NaNO_2/HCl$ 在 0~5℃反应生成分子式为 $C_7H_7ClN_2$ 的化合物 C;在稀盐酸中 C 与 CuCN 反应生成分子式为 C_8H_7N 的化合物 D;D 在稀酸中水解得到一种酸 E($C_8H_8O_2$);E 用高锰酸钾氧化得到另一种酸 F;F 受热时生成分子式为 $C_8H_4O_3$ 的酸酐。试推测 A、B、C、D、E、F 的结构式。(6 分)

2. 化合物 A($C_3H_4OCl_2$)与冷水作用生成酸性化合物 B($C_3H_5O_2Cl$),A 与乙醇反应生成液体化合物 C($C_5H_9O_2Cl$),A 在水中煮沸可得化合物 D($C_3H_6O_3$);D 含有手性碳原子并且可以被乙酰化。试推断 A、B、C、D 的构造式。(4 分)

综合练习题(Ⅱ)

一、单项选择题(每小题 2 分,共 50 分)

1. 下列结构中,所有的碳均为 sp^2 杂化的是( )。

A. ⟨cyclohexyl⟩—CH=CH$_2$ B. ⟨phenyl⟩—CH=CH$_2$ C. ⟨phenyl⟩—CH$_2$OH D. ⟨phenyl⟩—CH$_3$

2. 正己烷的优势构象为(　　　　)。

A.　　　　　　　B.　　　　　　　C.　　　　　　　D.

3. 下列碳自由基最稳定的是(　　　　)。

A.　　　　　　　B.　　　　　　　C.　　　　　　　D.

4. 下列化合物的系统命名法名称为(　　　　)。

A. (Z)-4-甲基-3-溴-3-庚烯-1-炔　　　　　B. (Z)-3-溴-4-甲基-1-庚炔-3-烯

C. (E)-4-甲基-3-溴-1-庚炔-3-烯　　　　　D. (E)-3-溴-4-甲基-3-烯-1-庚炔

5. 下列反-1-甲基-3-叔丁基环己烷的椅式构象中最稳定的为(　　　　)。

A.　　　　　　　　　　　　　　　　　　B.

C.　　　　　　　　　　　　　　　　　　D.

6. 化合物 　　　　　 的系统命名法名称为(　　　　)。

A. 6-硝基-2-羟基苯甲醛　　　　　　　B. 2-羟基-6-硝基苯甲醛

C. 2-硝基-6-羟基苯甲醛　　　　　　　D. 2-甲酰基-3-硝基苯酚

7. 下列化合物不具有芳香性的是(　　　　)。

A.　　　　　　　B.　　　　　　　C.　　　　　　　D.

8. 化合物 的系统命名法名称为(　　　　)。

A. (R)-2-甲基-3-丁烯酸　　　　　　　B. (R)-3-甲基-1-丁烯酸

C. (S)-2-甲基-3-丁烯酸　　　　　　　D. (S)-3-甲基-1-丁烯酸

9. 下列化合物中最容易发生亲电取代反应是(　　　　)。

A. ⟨◯⟩-CH₃　　　　　　　　　　　　B. ⟨◯⟩-NO₂

C. CH_3——$\langle\ \rangle$——NO_2 D. $\langle\ \rangle$——NH_2

10. 下列化合物中既有手性碳原子,又有旋光性的是(   )。

A. $\begin{matrix} COOH \\ Cl—C—CH_3 \\ CH_3 \end{matrix}$ B. $\begin{matrix} H \\ H_3C \end{matrix}C=C\begin{matrix} H \\ CH_3 \end{matrix}$ C. $\begin{matrix} CH_3 \\ HO—H \\ HO—CH_3 \\ H \end{matrix}$ D. $\begin{matrix} OH \\ H_3C—H \\ H—OH \\ CH_3 \end{matrix}$

11. 2-甲基-2-溴丁烷在 NaOH 醇溶液中主要发生(   )反应。

A. S_N1 B. S_N2 C. E1   D. E2

12. 能将伯、仲、叔醇鉴别开的试剂是(   )。

A. 银氨溶液   B. $ZnCl_2$/浓盐酸

C. 硝酸银/乙醇溶液   D. 酸性 $KMnO_4$ 溶液

13. 下列化合物中酸性最强的是(   )。

A. $\langle\ \rangle$OH   B. Cl-$\langle\ \rangle$-OH C. CH_3-$\langle\ \rangle$-OH D. NO_2-$\langle\ \rangle$-OH

14. 下列化合物与饱和 $NaHSO_3$ 反应时,反应活性由大到小的顺序是(   )。

①CH_3CHO ②CCl_3CHO ③ $C_6H_5COC_6H_5$ ④CH_3COCH_3

A. ②>①>③>④   B. ②>①>④>③

C. ①>②>④>③   D. ①>②>③>④

15. 下列化合物不能发生碘仿反应的是(   )。

A. 正丁醇   B. 2-戊醇   C. 苯乙酮   D. 乙醛

16. 通过格氏试剂与醛酮反应制备 2-甲基-2-戊醇的原料是(   )。

A. 丁醛和 C_2H_5MgBr B. 丙酮和 n-C_3H_7MgBr

C. 2-丁酮和 C_2H_5MgBr D. 丙酮和 iso-C_3H_7MgBr

17. 下列化合物不能与 $FeCl_3$ 发生显色反应的是(   )。

A. 乙酰乙酸乙酯   B. 乙酰水杨酸   C. 2,4-戊二酮   D. 水杨酸

18. 下列化合物碱性最强的是(   )。

A. 乙酰苯胺   B. 苯胺   C. 尿素   D. 氢氧化四乙铵

19. $CH_3\overset{O}{\overset{\|}{C}}$-$\langle\ \rangle$-$\overset{O}{\overset{\|}{C}}$-$NH_2$ 的系统命名法名称为(   )。

A. 对-(甲酰胺基)苯乙酮   B. 对乙酰基苯甲酰铵

C. 4-(氨甲酰基)苯乙酮   D. 4-乙酰基苯甲酰胺

20. 下列化合物最容易发生水解反应的是(   )。

A. 苯甲酰氯   B. 邻苯二甲酸酐   C. 苯甲酸甲酯   D. 乙酰苯胺

21. 下列化合物中,水溶性最好且沸点最高的是(   )。

A. 正丁醇   B. 丁醛   C. 丁酮   D. 丁酸

22. $\begin{matrix} N \\ HO—\langle\ \rangle—N \end{matrix}$-$CH_3$ 的系统命名法名称为(   )。

A. 2-羟基-5-甲基嘧啶　　　　　　　　B. 1-羟基-4-甲基嘧啶

C. 5-甲基-2-羟基嘧啶　　　　　　　　D. 4-甲基-1-羟基嘧啶

23. 能将丙胺、N-甲基丙胺、N,N-二甲基丙胺鉴别开的试剂是（　　　）。

A. 酸性 $KMnO_4$ 溶液　B. 苯磺酰氯和 NaOH　C. $ZnCl_2$/浓盐酸　D. $NaNO_2$

24. 某种糖的结构式如下,其构型是（　　　）。

A. α-D　　　　　　B. α-L　　　　　　C. β-D　　　　　　D. β-L

25. 下列哪种糖不能与 Tollens 试剂反应（　　　）。

A. 葡萄糖　　　　　　B. 蔗糖　　　　　　C. 果糖　　　　　　D. 甘露糖

二、完成下列反应式(每空 1 分,共 20 分)

1. $\xrightarrow[h\nu]{Br_2}$ (　　　　　) $\xrightarrow[C_2H_5OH]{NaOH}$ (　　　　　)

2. $(CH_3)_2C{=}CHCH_3 \xrightarrow{B_2H_6} \xrightarrow{H_2O_2/OH^-}$ (　　　　　)

3. $\xrightarrow{加热}$ (　　　　　)

4. $+HBr \longrightarrow$ (　　　　　)

5. $\xrightarrow{AlCl_3}$ (　　　　　) $\xrightarrow[HCl]{Zn-Hg}$ (　　　　　)

6. $\xrightarrow{KCN}$ (　　　　　)

7. CH_3——OH $\xrightarrow{NaOH}$ (　　　　　) $\xrightarrow{CH_3I}$ (　　　　　)

8. $+CH_3CH_2CHO \xrightarrow[加热]{稀碱}$ (　　　　　)

9. $CH_3CH_2\overset{\displaystyle O}{\overset{\|}{C}}{-}OC_2H_5 \xrightarrow[②\ H_3O^+]{①\ C_2H_5ONa}$ (　　　　　)

10. $\xrightarrow{NaBrO}$ (　　　) $\xrightarrow[0\sim5℃]{NaNO_2,HCl}$ (　　　) $\xrightarrow{CuCN}$ (　　　)

11. —CH=CH_2 $\xrightarrow{HBr}$ (　　　) $\xrightarrow[无水乙醚]{Mg}$ (　　　) $\xrightarrow[②\ H_3O^+]{①\ CO_2}$ (　　　)

12. $CH_3CH_2CH_2COOH+Br_2 \xrightarrow[催化剂]{红磷}$ (　　　) $\xrightarrow[H_2O]{OH^-}$ (　　　)

三、用简便且能产生明显现象的化学方法鉴别下列化合物(共 10 分)

1. (3 分)甲基环丙烷、2-丁烯、1-丁炔

2. (4 分)异丙醇、苯甲醚、丙醛、丁酮

3. (3 分)甲酸、丙酸、丙二酸

四、合成题(每小题 5 分,共 10 分)

1. 以苯为原料合成 3-硝基-4-溴苯甲酸(只能选用 1 个碳的有机试剂,无机试剂任选)。

2. 以丙酸为原料合成正丁酸(不能选用其他有机试剂,无机试剂任选)。

五、推断题(共 10 分)

1. 化合物 A 的分子式为 $C_6H_{15}N$,能溶于稀盐酸,在室温下与亚硝酸作用放出氮气后得到 B(反应式 1);B 能进行碘仿反应。B 和浓硫酸共热得到分子式为 C_6H_{12} 的化合物 C(反应式 2);C 经臭氧氧化后再经锌粉还原水解得到乙醛和异丁醛(反应式 3)。试推测 A、B、C 的结构式并写出反应式 1～3。(6 分)

2. 某化合物 A 的分子式为 $C_5H_{12}O$,氧化脱氢后生成一种酮 B,B 可发生碘仿反应。A 脱水生成一种烯烃 C,C 经 $KMnO_4$ 氧化得到 D 和一羧酸。试写出 A～D 的构造式。(4 分)

综合练习题(Ⅲ)

一、单项选择题(每小题 2 分,共 50 分)

1. 在乙炔与 2 分子 Br_2 的加成反应中,碳原子轨道杂化情况的变化是(   )。
A. $sp^2 \rightarrow sp^3$ B. $sp \rightarrow sp^2$ C. $sp^2 \rightarrow sp$ D. $sp \rightarrow sp^3$

2. 在高温或光照条件下,丙烯与 Br_2 的反应历程是(   )。
A. 亲电加成   B. 自由基加成   C. 自由基取代   D. 亲核加成

3. 1-氯-2-溴乙烷的优势构象为(   )。

A.   B.   C.   D.

4. 下列碳正离子能量最低的是(   )。

A. $CH_3-\overset{+}{\underset{CH_3}{C}}-CH=CHCH_3$ B. $CH_3CH_2\overset{+}{C}H\underset{CH_3}{CHCH_3}$

C. $CH_3CH_2CH=\overset{+}{C}HCH_2$ D.

5. 下列化合物的系统命名法名称为(   )。

83

A. （Z）-3-甲基-2-溴-2-己烯-1-醇　　　B. （Z）-2-溴-3-甲基-2-己烯-1-醇

C. （E）-3-甲基-2-溴-2-己烯-1-醇　　　D. （E）-1-羟基-2-溴-3-甲基-2-己烯

6. 下列顺-1-甲基-3-叔丁基环己烷的椅式构象中最稳定的为（　　　　　）。

7. 化合物 H_2N——COOH 的系统命名法名称为（　　　　）。

A. 4-氨基-2-羟基苯甲酸　　　　　　B. 2-羟基-4-氨基苯甲酸

C. 4-甲酰基-3-羟基苯胺　　　　　　D. 2-甲酰基-5-氨基苯酚

8. 下列化合物不具有芳香性的是（　　　　）。

9. 化合物 的系统命名法名称为（　　　　）。

A.（R）-2-甲基-3-丁炔醛　　　　　　B.（R）-3-甲基-1-丁炔醛

C.（S）-2-甲基-3-丁炔醛　　　　　　D.（S）-3-甲基-1-丁炔醛

10. 下列化合物中最容易发生亲电取代反应是（　　　　）。

11. 下列化合物中有手性碳原子但无旋光性的是（　　　　）。

12. 下列描述不属于 S_N1 反应的是（　　　　）。

A. 中间体是碳正离子　　　　　　　B. 产物的绝对构型完全转化

C. 叔卤代烷比仲卤代烷反应快　　　D. 有重排产物生成

13. 能将叔卤代烃、伯卤代烃、卤代苯鉴别开的试剂是（　　　　）。

A. 酸性 $KMnO_4$　　　　　　　　　B. $ZnCl_2$/浓盐酸

C. 硝酸银/乙醇溶液　　　　　　　　D. 苯磺酰氯和 NaOH

14. 下列化合物与 $NaHSO_3$ 发生反应,活性最强的是（　　　　）。

A. 对硝基苯甲醛　　B. 对甲基苯甲醛　C. 苯甲醛　　　　　D. 对羟基苯甲醛

15. 下列化合物不能发生碘仿反应的是（　　　　）。

A. 正丁醇　　　　　B. 2-戊醇　　　　C. 苯乙酮　　　　　D. 乙醛

16. 下列化合物中不能使 $FeCl_3$ 变蓝紫色的是（　　　）。

A. 邻羟基苯甲酸　　B. 乙酰水杨酸　　C. 丙二酸二乙酯　D. 乙酰乙酸乙酯

17. 下列化合物中酸性最强的是（　　　）。

A. $\text{CH}_3\text{—CH—CH}_2\text{—COOH}$（CH₃支链）
B. —CH—COOH（OCH₃支链）
C. —CH—COOH（Cl支链）
D. $\text{—CH—CH}_2\text{COOH}$（F支链）

18. 下列化合物中碱性最强的是（　　　）。

A. 苯胺　　　　　B. 吡啶　　　　　C. 乙胺　　　　　D. 吡咯

19. $OHC\text{—}\underset{}{\boxed{}}\text{—}\overset{O}{\underset{}{C}}\text{—NHCH}_3$ 的系统命名法名称为（　　　）。

A. 对（N-甲基-氨甲酰基）苯甲醛　　　　B. N-甲基-4-甲酰基苯甲酰铵

C. 4-甲酰基-N-甲基苯甲酰胺　　　　　D. N-甲基-4-甲酰基苯甲酰胺

20. 下列化合物发生水解反应速率最快的是（　　　）。

A. $\boxed{}\text{—CONH}_2$　B. $\boxed{}\text{—COCl}$　C. $\boxed{}\text{—COOC}_2\text{H}_5$　D. 邻甲基 $\boxed{}\text{—COOC}_2\text{H}_5$

21. 下列化合物与 Grignard 试剂反应,能用于制备叔醇的是（　　　）。

A. 丙醛　　　　　B. 环氧乙烷　　　　C. 乙醛　　　　　D. 丙酮

22. （结构式）的系统命名法名称为（　　　）。

A. 2,4-二羟基-5-甲基嘧啶　　　　　B. 1,3-二羟基-4-甲基嘧啶

C. 5-甲基-2,4-二羟基嘧啶　　　　　D. 4-甲基-1,3-二羟基嘧啶

23. 能将苯胺、N-甲基苯胺、N,N-二甲基苯胺鉴别开的试剂是（　　　）。

A. 酸性 $KMnO_4$ 溶液　　　　　　B. 苯磺酰氯和 NaOH

C. $ZnCl_2$/浓盐酸　　　　　　　　D. 银氨溶液

24. 某种糖的结构式如下,其构型是（　　　）。

A. α-D　　　　　B. α-L　　　　　C. β-D　　　　　D. β-L

25. 下列哪种碳水化合物能与 Tollens 试剂反应（　　　）。

A. 纤维素　　　　B. 蔗糖　　　　　C. 果糖　　　　　D. 淀粉

二、完成下列反应式(每空 1 分,共 20 分)

1. $\boxed{}\xrightarrow[\text{CCl}_4]{\text{Br}_2}(\qquad)\xrightarrow[\text{C}_2\text{H}_5\text{OH}]{\text{NaOH}}(\qquad)$

2. $\text{C}_2\text{H}_5\text{MgBr}+\text{CH}_3\text{CH}_2\text{C}\equiv\text{CH}\longrightarrow(\qquad)+(\qquad)$

3. $\boxed{}+\text{—CHO}\xrightarrow{\text{加热}}(\qquad)$

85

4. H_3C—[环丙烷, 上有H_3C, CH_3]—$CH_2CH_3 + Br_2 \longrightarrow ($ $)$

5. Br—⟨苯⟩—$COOH \xrightarrow{SOCl_2} ($ $) \xrightarrow[AlCl_3]{C_6H_6} ($ $)$

6. $HOCH_2CH_2CH_2Cl \xrightarrow{NaCN} ($ $)$

7. ⟨苯⟩—ONa $+$ Br—⟨苯⟩—$CH_2Br \longrightarrow ($ $)$

8. ⟨苯, CH_3⟩ $\xrightarrow[\text{光}]{Cl_2} ($ $) \xrightarrow[H_2O]{NaOH} ($ $) \xrightarrow[H_2SO_4]{CH_3COOH} ($ $)$

9. ⟨苯, CHO, CH_2CH_2CHO⟩ $\xrightarrow[\text{加热}]{\text{稀碱}} ($ $)$

10. $CH_3\overset{O}{\overset{\|}{C}}$—⟨苯⟩—$COOC_2H_5 \xrightarrow{LiAiH_4} ($ $)$

11. ⟨苯⟩—$CH{=}CH_2 \xrightarrow[\text{过氧化物}]{HBr} ($ $) \xrightarrow[\text{无水乙醚}]{Mg} ($ $) \xrightarrow[\text{② } H_3O^+]{\text{① } CO_2} ($ $)$

12. ⟨苯⟩—$CONH_2 \xrightarrow{Br_2/NaOH} ($ $) \xrightarrow{C_6H_5SO_2Cl} ($ $)$

三、用简便且能产生明显现象的化学方法鉴别下列化合物(共 10 分)

 1. (4 分)苯乙炔、苯乙烯、苯甲醇、苯甲醚
 2. (3 分)丙醛、丙酮、丙酸
 3. (3 分)葡萄糖、果糖、蔗糖

四、合成题(每小题 5 分,共 10 分)

 1. 以乙醇为原料合成 2-丁醇(不能选用其他有机试剂,无机试剂任选)。
 2. 以苯为原料合成 1,3,5-三溴苯(不能选用其他有机试剂,无机试剂任选)。

五、推断题(共 10 分)

 1. 化合物 A ($C_{10}H_{13}Br$)在室温下很容易和氢氧化钾的乙醇溶液作用得到 B ($C_{10}H_{12}$),B 经臭氧氧化和还原水解得甲醛和 C ($C_9H_{10}O$),在铂催化下 C 被还原成 D($C_9H_{12}O$),D 具有旋光性,与硫酸共热得 E(C_9H_{10}),用高锰酸钾处理 E 得对苯二甲酸,E 经臭氧氧化和还原水解得甲醛和对甲基苯甲醛。推测 A、B、C、D 和 E 的构造式。(6 分)

 2. 有两个手性碳原子的化合物 A ($C_4H_{11}NO$)在室温下与亚硝酸反应生成化合物 B ($C_4H_{10}O_2$),并放出氮气。B 与浓硫酸共热生成化合物 C(C_4H_6),C 经臭氧氧化和还原水解得甲醛和乙二醛。试推断 A、B、C 的构造式。(4 分)

综合练习题参考答案

综合练习题（Ⅰ）

一、1. C 2. B 3. D 4. D 5. A 6. B 7. B 8. D 9. A 10. D 11. B/D 12. B 13. C 14. B 15. A 16. C 17. A 18. B 19. B 20. A 21. B 22. D 23. D 24. B 25. B

二、

1. 环己烷-CH₂CH₂CH₂OH

2. 1-溴-1-乙烯基环己烷结构式

3. 双环[2.2.1]庚烯-2,3-二甲酸二乙酯结构式

4. $(CH_3)_2CH-$苯 $\xrightarrow{(KMnO_4)}$ [苯甲酸] $\xrightarrow{(Cl_2/FeCl_3)}$ 间氯苯甲酸结构式

5. Br-苯-CH₂O-苯结构式

6. 苯-CH(OH)-C(CH₃)₂-CHO结构式

7. 对溴苯甲酰氯结构式；对溴二苯甲酮结构式

8. 苯胺(NH₂)结构式；N-苯磺酰基苯胺(NHSO₂苯)结构式

9. HOCH₂CH₂CH₂CN HOCH₂CH₂CH₂COOH

10. CH₃CO-苯-COCH₃结构式；CH₃CH(OH)-苯-CH(OH)CH₃结构式

11. 对氯苯基溴化镁(MgBr/Cl)结构式；对氯苯甲酸(COOH/Cl)结构式；对氯苯甲酸乙酯(COOC₂H₅/Cl)结构式

三、1. 用银氨溶液（1分）鉴别出苯乙炔（白色沉淀），用 Br₂/CCl₄ 溶液（1分）鉴别出苯乙烯（褪色），余下为乙苯。（现象1分）

2. 用银氨溶液（1分）鉴别出丁醛（银镜反应），用 I₂/NaOH（1分）鉴别出丁酮（碘仿反应）；用酸性高锰酸钾（1分）鉴别出丁醇（褪色），余下为丁酸。（现象1分）

3. 用 FeCl₃ 溶液（1分）鉴别苯酚（白色沉淀），用苯磺酰氯和 NaOH 溶液（1分）鉴别出苯胺（白色沉淀溶解）和 N-甲基苯胺（白色沉淀不溶解）。（现象1分）

四、

1. CH₃CH=CH₂ $\xrightarrow[H_2SO_4]{+H_2O}$ CH₃CH(OH)CH₃ $\xrightarrow{PBr_3}$ CH₃CH(Br)CH₃ $\xrightarrow[Et_2O]{Mg}$ CH₃CH(MgBr)CH₃

$\xrightarrow[②\ H_3O^+]{①\ CO_2}$ CH₃CH(COOH)CH₃ $\xrightarrow{LiAlH_4}$ CH₃CH(CH₂OH)CH₃

2.

$$\text{苯} \xrightarrow[H_2SO_4]{HNO_3} \text{硝基苯} \xrightarrow[FeCl_3]{Cl_2} \text{间氯硝基苯} \xrightarrow{HCl/Fe} \text{间氯苯胺} \xrightarrow[\text{室温}]{NaNO_2/HCl} \text{间氯苯酚}$$

五、1. A. 邻硝基甲苯 (NO_2, CH_3)　B. 邻甲基苯胺 (NH_2, CH_3)　C. $N_2^+Cl^-$, CH_3

D. 邻甲基苯腈 (CN, CH_3)　E. 邻甲基苯甲酸 ($COOH$, CH_3)　F. 邻苯二甲酸 ($COOH$, $COOH$)

2. A. $CH_3\overset{Cl}{C}HCOCl$　B. $CH_3\overset{Cl}{C}HCOOH$　C. $CH_3\overset{Cl}{C}HCOOC_2H_5$　D. $CH_3\overset{OH}{C}HCOOH$

综合练习题(Ⅱ)

一、1. B 2. D 3. C 4. A 5. B 6. C 7. A 8. A 9. D 10. C 11. C 12. B 13. D
14. B 15. A 16. B 17. B 18. D 19. D 20. A 21. D 22. C 23. B 24. D 25. B

二、

1. 3-溴环己烯 及 1,3-环己二烯

2. $(CH_3)_2CH-\overset{OH}{C}HCH_3$

3. 二甲基环己烯二腈 (CN, CN)

4. $CH_3CH_2-\overset{\underset{|}{CH_3}}{CH}-\overset{\underset{|}{Br}}{\underset{|}{\overset{CH_3}{C}}}-CH_3$

5. 四氢萘酮 (O) 及 四氢萘

6. 邻 ($CH=CHBr$, CH_2CN) 取代苯

7. 对甲基苯酚钠 (CH_3, ONa) 及 对甲基苯甲醚 (CH_3, OCH_3)

8. $C_6H_5CH=\overset{\underset{|}{CH_3}}{C}CHO$

9. $CH_3CH_2-\overset{O}{\overset{\|}{C}}-\overset{\underset{|}{CH_3}}{CH}-COOC_2H_5$

10. 苯胺 (NH_2)、重氮盐 ($N_2^+Cl^-$)、苯腈 (CN)

11. 溴代物 ($\overset{Br}{C}H-CH_3$)、$\overset{MgBr}{C}H-CH_3$、$\overset{COOH}{C}H-CH_3$ 取代苯

12. $CH_3CH_2\overset{Br}{C}HCOOH$　$CH_3CH_2\overset{OH}{C}HCOOH$

三、1. 用银氨溶液(1分)鉴别出 1-丁炔(白色沉淀),用酸性高锰酸钾溶液(1分)鉴别出 2-丁烯(褪色),余下为甲基环丙烷。(现象1分)

2. 用银氨溶液(1分)鉴别出丙醛(银镜反应),用酸性高锰酸钾(1分)鉴别出异丙醇(褪色),用 I_2/NaOH(1分)鉴别出丁酮(碘仿反应),余下为苯甲醚。(现象1分)

3. 用酸性高锰酸钾或银氨溶液(1分)鉴别甲酸(褪色或银镜),加热并将产生的气体通入澄清石灰水(1分)鉴别出丙二酸(白色沉淀)和丙酸(无现象)。(现象1分)

四、1.

$$\text{苯} \xrightarrow[AlCl_3]{CH_3Cl} \text{甲苯} \xrightarrow[Fe]{Br_2} Br-\text{C}_6\text{H}_4-CH_3 \xrightarrow[H^+,\text{加热}]{KMnO_4}$$

$$Br-\text{C}_6\text{H}_4-COOH \xrightarrow[H_2SO_4]{HNO_3} \text{T. M.}$$

2. $CH_3CH_2COOH \xrightarrow{LiAlH_4} CH_3CH_2CH_2OH \xrightarrow{SOCl_2} \xrightarrow{CN^-} CH_3CH_2CH_2CN \xrightarrow{H_3O^+} \text{T. M.}$

五、1. A. $CH_3\underset{\underset{NH_2}{|}}{CH}CH_2CH(CH_3)_2$ B. $CH_3\underset{\underset{OH}{|}}{CH}CH_2CH(CH_3)_2$ C. $CH_3CH{=}CHCH(CH_3)_2$

反应式 1 $CH_3\underset{\underset{NH_2}{|}}{CH}CH_2CH(CH_3)_2 \xrightarrow[\text{室温}]{NaNO_2/HCl} CH_3\underset{\underset{OH}{|}}{CH}CH_2CH(CH_3)_2$

$\qquad\qquad\qquad$ (A) $\qquad\qquad\qquad\qquad\qquad\qquad$ (B)

反应式 2 $CH_3\underset{\underset{OH}{|}}{CH}CH_2CH(CH_3)_2 \xrightarrow{\text{浓 }H_2SO_4} CH_3CH{=}CHCH(CH_3)_2$

$\qquad\qquad\qquad\qquad\qquad\qquad\qquad\qquad\qquad\qquad$ (C)

反应式 3 $CH_3CH{=}CHCH(CH_3)_2 \xrightarrow[\text{② }Zn/H_2O]{\text{① }O_3} CH_3CHO + (CH_3)_2CHCHO$

2. $(CH_3)_2CH\underset{\underset{OH}{|}}{CH}CH_3 \xrightarrow{[O]} (CH_3)_2CH\overset{\overset{O}{||}}{C}CH_3$

$\quad$ (A) $\qquad\qquad\qquad\qquad\qquad$ (B)

$\xrightarrow{-H_2O}$

$\to (CH_3)_2C{=}CHCH_3 \xrightarrow{KMnO_4} (CH_3)_2C{=}O + CH_3COOH$

$\qquad$ (C) $\qquad\qquad\qquad\qquad$ (D)

综合练习题(Ⅲ)

一、1. D 2. C 3. C 4. A 5. A 6. A 7. A 8. A 9. A 10. B 11. D 12. B 13. C
14. A 15. A 16. B 17. D 18. C 19. D 20. B 21. D 22. C 23. B 24. C 25. C

二、1. 1,2-二溴环己烷 / 环己烯   2. $CH_3CH_2C{\equiv}CMgBr$ C_2H_6

3. 降冰片烷-CHO   4. $H_3C\underset{\underset{CH_3}{|}}{\overset{\overset{Br}{|}}{C}}\overset{\overset{CH_2Br}{|}}{CH}CH_2CH_3$ 5. 4-溴苯甲酰氯(COOCl/Br苯环)   (对溴二苯甲酮)

6. $HOCH_2CH_2CH_2CN$ 7. $C_6H_5OCH_2{-}C_6H_4{-}Br$ 8. $C_6H_5CH_2Cl$ $C_6H_5CH_2OH$ $C_6H_5CH_2OOCCH_3$

9. 茚-2-甲醛   10. $CH_3\underset{\underset{OH}{|}}{CH}{-}C_6H_4{-}CH_2OH$

11. $C_6H_5CH_2CH_2Br$ $C_6H_5CH_2CH_2MgBr$ $C_6H_5CH_2CH_2COOH$

12. $C_6H_5NH_2$ $C_6H_5NHSO_2C_6H_5$

三、1. 用银氨溶液(1分)鉴别出苯乙炔(白色沉淀),用酸性高锰酸钾溶液(1分)鉴别出苯甲醚(不褪色),用 Br_2/CCl_4(1分)鉴别出苯乙烯(褪色)。(现象1分)

2. 用银氨溶液(1分)鉴别出丙醛(银镜反应);用 $I_2/NaOH$(1分)鉴别出丙酮(碘仿反应);余下为丙酸。(现象1分)

3. 用银氨溶液(1分)鉴别出蔗糖(不褪色),用溴水(1分)鉴别出葡萄糖(褪色),余下为果糖。(现象1分)

四、

1.
$$CH_3CH_2OH \xrightarrow{PCl_3} CH_3CH_2Cl \xrightarrow[\text{无水乙醚}]{Mg} CH_3CH_2MgCl$$

$$CH_3CH_2OH \xrightarrow[\text{加热}]{CuO} CH_3CHO$$

$$\left. \begin{array}{c} \\ \\ \end{array} \right\} \xrightarrow[\text{② } H_3O^+]{\text{① 无水乙醚}} CH_3\overset{\displaystyle OH}{\underset{|}{CH}}CH_2CH_3$$

2.

$$\bigcirc \xrightarrow[HNO_3]{H_2SO_4} \bigcirc\!\!-NO_2 \xrightarrow[HCl]{Fe} \bigcirc\!\!-NH_2 \xrightarrow{Br_2/H_2O}$$

$$Br\!-\!\!\underset{\displaystyle Br}{\overset{\displaystyle Br}{\bigcirc}}\!\!-NH_2 \xrightarrow[0\sim5℃]{HNO_2} Br\!-\!\!\underset{\displaystyle Br}{\overset{\displaystyle Br}{\bigcirc}}\!\!-N_2^+ \xrightarrow[\text{或 } C_2H_5OH]{H_3PO_2} Br\!-\!\!\underset{\displaystyle Br}{\bigcirc}\!\!-Br$$

五、

1. A. $CH_3\!-\!\bigcirc\!\!-\overset{\displaystyle Br}{\underset{\displaystyle CH_3}{C}}\!\!-CH_3$ B. $CH_3\!-\!\bigcirc\!\!-\overset{\displaystyle CH_3}{C}\!\!=\!CH_2$ C. $CH_3\!-\!\bigcirc\!\!-\overset{\displaystyle O}{\overset{\|}{C}}CH_3$

D. $CH_3\!-\!\bigcirc\!\!-\underset{\displaystyle OH}{CHCH_3}$ E. $CH_3\!-\!\bigcirc\!\!-CH\!=\!CH_2$

2. A. $CH_3\underset{\displaystyle NH_2}{CH}\!-\!\underset{\displaystyle OH}{CHCH_3}$ B. $CH_3\underset{\displaystyle OH}{CH}\!-\!\underset{\displaystyle OH}{CHCH_3}$ C. $CH_2\!=\!CHCH\!=\!CH_2$

《有机化学(第四版)》问题参考答案

第1章 绪 论

问题 1-1 (1) 炔基上的碳为 sp 杂化,形成 2 个 σ 键和 2 个 π 键;烯基上的碳为 sp^2 杂化,形成 3 个 σ 键和 1 个 π 键;甲基上的碳为 sp^3 杂化,形成 4 个 σ 键。

(2) 苯环上的碳均为 sp^2 杂化,形成 3 个 σ 键和 1 个 π 键,醛基上的碳为 sp^2 杂化,形成 3 个 σ 键和 1 个 π 键,甲基的碳为 sp^3 杂化,形成 4 个 σ 键。

问题 1-2 SiH_4、BH_3、CO_2 的杂化类型分别是 sp^3、sp^2、sp,它们的分子结构分别是正四面体、平面正三角形、直线形。

问题 1-3 CH_3COOH 是酸;CH_3OCH_3 是碱;C_2H_5OH、C_6H_5OH、$C_6H_5NH_2$、$H_2NCH_2CH_2COOH$ 既是酸又是碱。

问题 1-4 H^+、Br^+、NO_2^+、R^+ 是酸;OH^-、I^-、NH_2^-、CN^-、$C_2H_5OC_2H_5$ 是碱;RNH_2、NH_3 既是酸又是碱。

第2章 烷 烃

问题 2-1 己烷的所有同分异构体:①己烷;②2-甲基戊烷;③3-甲基戊烷;④2,2-二甲基丁烷;⑤2,3-二甲基丁烷

问题 2-2 (1) 4-甲基-7-乙基癸烷 (2) 2-甲基-7-异丙基壬烷

问题 2-3 化合物 FCH_2CH_2F 有 4 种典型构象,最稳定构象为全交叉式。

全重叠式   部分重叠式   部分交叉式   全交叉式

问题 2-4 丙烷与氯气在光作用下的反应机理如下:

$$Cl:Cl \xrightarrow{h\nu} 2Cl\cdot$$

$$Cl\cdot + CH_3CH_2CH_3 \longrightarrow HCl + CH_3CH_2CH_2\cdot + CH_3\dot{C}HCH_3$$

$$CH_3CH_2CH_2\cdot + CH_3\dot{C}HCH_3 + Cl:Cl \longrightarrow Cl\cdot + CH_3CH_2CH_2Cl + CH_3\underset{|}{\overset{Cl}{C}}HCH_3$$

问题 2-5 正丁烷与氯气在光作用下的反应产物和理论产率如下:

$$CH_3CH_2CH_2CH_3 + Cl_2 \xrightarrow{\text{光,25℃}} CH_3CH_2CH_2CH_2Cl + CH_3\underset{|}{\overset{Cl}{C}}HCH_2CH_3$$
$$\qquad\qquad\qquad\qquad\qquad 27.3\% \qquad\qquad 72.7\%$$

第3章 烯烃和红外光谱

问题 3-1 (1) 2,4,4-三甲基-1-戊烯 (2) 反-1-溴丙烯 (3) (Z)-3-氯-2-溴-2-戊烯 (4) 顺,反-2,5-庚二烯

问题 3-2 (1) 无

(2)

$$
\underset{H}{\overset{C_2H_5}{\diagdown}} C = C \underset{CH_3}{\overset{CH_2CH_2CH_3}{\diagup}} \qquad \underset{C_2H_5}{\overset{H}{\diagdown}} C = C \underset{CH_3}{\overset{CH_2CH_2CH_3}{\diagup}}
$$

(Z)-4-甲基-3-庚烯　　　　　(E)-4-甲基-3-庚烯

问题 3-3 (1) $(CH_3)_2CHCHCH_3$
　　　　　　　　　　$\underset{|}{\overset{}{}}$Br

(2) $(CH_3)_2CHCH=CH_2$　　　$(CH_2)_2CHCHCH_3$
　　　　　　　$\overset{|}{Cl}$　　　　　　　$\overset{|}{Cl}\overset{|}{OH}\overset{}{Br}$

(3) $(CH_3)_2CHC=CHCH_3$
　　　　　　　　$\overset{|}{CH_3}$

问题 3-4 $\underset{}{\overset{CH_3}{|}}$
　　　　　$CH_3C=CH_2 > CH_3CH=CH_2 > CH_2=CH_2$

问题 3-5 (1) 游离基(自由基)取代反应　(2) 亲电加成反应

问题 3-6 (1) 燃烧法,看火焰浓度。

(2) 常利用高锰酸钾的紫红色或重铬酸钾的橙黄色褪色来鉴别烯烃。

(3) 常利用溴的四氯化碳溶液来鉴别烯烃,烯烃与 Br_2 发生加成反应而使其褪色。

(4) 用浓硫酸洗涤后是否分层来鉴别。烯烃与浓 H_2SO_4 作用生成酸性硫酸酯而溶于硫酸中;烷烃不与 H_2SO_4 作用,故可以分层。

第 4 章　炔烃、共轭二烯烃和紫外光谱

问题 4-1 (1) 1-丁炔　(2) 2-烯基-4-己炔　(3) 4-烯基-1-己炔

问题 4-2 能与银氨溶液生成白色沉淀的物质为乙炔,酸性水解能生成丁酮的是 2-丁炔。

问题 4-3 (1) $CH_3-C\equiv CH \xrightarrow{2HCl} CH_3CCl_2CH_3$

(2) $CH_3-C\equiv CH \xrightarrow{Na} CH_3-C\equiv CNa \xrightarrow{n\text{-}C_3H_7I} CH_3-C\equiv CCH_2CH_2CH_3$

(3) $CH_3-C\equiv C-CH_3 \xrightarrow{Br_2} \underset{Br}{\overset{CH_3}{\diagdown}} C=C \underset{CH_3}{\overset{Br}{\diagup}}$

问题 4-4 (1)

$$
\underset{H_3C}{\overset{H}{\diagdown}} C=C \underset{CH_3}{\overset{H}{\diagup}} \xrightarrow{Br_2} \underset{Br}{\overset{}{H_3C-CH-}} \underset{Br}{\overset{}{CH-CH_3}} \xrightarrow[NaNH_2]{KOH/醇} H_3C-C\equiv C-CH_3
$$

$$
\xrightarrow[H_2]{Na, NH_3} \underset{H_3C}{\overset{H}{\diagdown}} C=C \underset{H}{\overset{CH_3}{\diagup}}
$$

(2) $CH_3CHClCH_3 \xrightarrow{NaOH} CH_2=CHCH_3 \xrightarrow{Br_2} \underset{Br}{\overset{}{CH_2-}}\underset{Br}{\overset{}{CH-CH_3}}$

$$
\xrightarrow[NaNH_2]{KOH/醇} HC\equiv C-CH_3
$$

$$
CH_3-C\equiv CH \xrightarrow{Na} CH_3-C\equiv CNa \xrightarrow{CH_3I} CH_3-C\equiv CCH_3
$$

(3) $CH_3CH_2Cl \xrightarrow{NaOH} CH_2=CH_2 \xrightarrow{Br_2} CH_2-CH_2 \xrightarrow[NaNH_2]{KOH/醇} HC\equiv CH$

with Br on each CH₂.

$HC\equiv CH \xrightarrow{Na} NaC\equiv CNa \xrightarrow{CH_3CH_2Br} CH_3CH_2-C\equiv CCH_2CH_3$

问题 4-5 $CH_2=CH-CH=CH-CH_3$ $CH_2=C-CH=CH_2$ (with CH_3 branch)

问题 4-6 $H_2C=CHCH_2CH_3 \xrightarrow{Br_2} CH_2-CH-CH_2-CH_3 \xrightarrow{KOH/醇}$ (Br on C1, C2)

$\xrightarrow{NaNH_2} HC\equiv C-CH_2-CH_3$

$CH_3CH=CHCH_3 \xrightarrow{Br_2} H_3C-CH-CH-CH_3 \xrightarrow{KOH/醇}$ (Br on middle carbons)

$\xrightarrow{NaNH_2} H_3C-C\equiv C-CH_3$

问题 4-7 $CH_2=C-CH=CH_2$ (with CH_3) $\xrightarrow{HBr} BrCH_2-C=CH-CH_3$ (with CH_3) $+ CH_2=C-CH-CH_3$ (with CH_3 and Br)

（主）   （次）

问题 4-8 由于 5 位碳原子的给电子诱导效应及 σπ 超共轭效应,1 位碳原子和 3 位碳原子带部分负电荷,2 位碳原子和 4 位碳原子带部分正电荷。

第 5 章 脂 环 烃

问题 5-1 (1) 7-溴双环[2.2.1]庚-2-烯 (2) 5,6-二甲基二环[2.2.1]庚-2-烯 (3) 2,3-二甲基-8-溴螺[4,5]癸烷

问题 5-2 (B)

问题 5-3 (1) $CH_3-C-CH-CH_2CH_3$ (with Br, CH₃ on C2, CH₃ branch)

(2)

(3)

第 6 章 芳 香 烃

问题 6-1 (1) 乙苯 (2) 2-苯基-2-丁烯 (3) 2-氨基-5-羟基苯甲醛 (4) 3-氨基-5-溴苯酚
(5) 3-硝基-2-氯苯磺酸

问题 6-2 (1)、(2)、(6)不能发生傅-克烷基化反应,芳环上已有吸电子基,则不能发生傅-克烷基化和傅-克酰化反应。

问题 6-3　(1) 苯 $\xrightarrow[\text{AlCl}_3]{\text{CH}_3\text{CCl}}$ 苯乙酮 $\xrightarrow[\text{浓 H}_2\text{SO}_4]{\text{浓 HNO}_3}$ 间硝基苯乙酮

(2) 苯 $\xrightarrow[\text{AlCl}_3]{\text{CH}_3\text{Cl}}$ 甲苯 $\xrightarrow[\text{AlCl}_3]{\text{CH}_3\text{CCl}}$ 对甲基苯乙酮

问题 6-4　(1) 苯 $\xrightarrow[\text{AlCl}_3]{\text{CH}_3\text{Cl}}$ 甲苯 $\xrightarrow[\text{浓 H}_2\text{SO}_4]{\text{浓 HNO}_3}$ 邻硝基甲苯 ＋ 对硝基甲苯

$\xrightarrow{\text{分离}}$ 邻硝基甲苯 $\xrightarrow[\text{H}^+]{\text{KMnO}_4}$ 邻硝基苯甲酸

(2) 苯 $\xrightarrow[\text{AlCl}_3]{\text{CH}_3\text{Cl}}$ 甲苯 $\xrightarrow[\text{H}^+]{\text{KMnO}_4}$ 苯甲酸 $\xrightarrow[\text{浓 H}_2\text{SO}_4]{\text{浓 HNO}_3}$ 间硝基苯甲酸

问题 6-5　(1) CCl$_3$ 苯　(2) Cl 苯　(3) CH$_2$CH$_3$ 苯　(4) NHCOCH$_3$ 苯 CH$_3$　(5) CN 苯

问题 6-6　(1) 溴苯 $\xrightarrow{\text{Br}_2/\text{Fe}}$ 邻二溴苯 ＋ 对二溴苯　(2) 乙苯 $\xrightarrow[h\nu]{\text{Br}_2}$ (1-溴乙基)苯

(3) 叔丁基苯 $\xrightarrow{\text{浓 H}_2\text{SO}_4}$ 对叔丁基苯磺酸

(4) 苯-CH$_2$CH$_2$CH$_2$CH$_2$Cl $\xrightarrow{\text{AlCl}_3}$ 四氢化萘

问题 6-7　(1) 甲苯 $\xrightarrow[\text{Fe}]{\text{Br}_2}$ 对溴甲苯 ＋ 邻溴甲苯 $\xrightarrow{\text{分离}}$ 对溴甲苯 $\xrightarrow[\text{Cl}_2]{h\nu}$ 对溴苄氯

(2) 甲苯 $\xrightarrow[\text{Fe}]{\text{Cl}_2}$ 邻氯甲苯 ＋ 对氯甲苯 $\xrightarrow{\text{分离}}$ 对氯甲苯 $\xrightarrow[\text{H}^+]{\text{KMnO}_4}$ 对氯苯甲酸 $\xrightarrow[\text{浓 H}_2\text{SO}_4]{\text{浓 HNO}_3}$ 4-氯-3-硝基苯甲酸

问题 6-8　(3)、(4)、(7)不具有芳香性。

问题 6-9　(1) 5-硝基-2-萘磺酸　(2) 4-氯-1-萘酚　(3) 6-羟基-2-萘甲酸

问题 6-10　(1) 1-甲基-4-硝基萘　(2) 2-甲基-1-硝基萘

94

(3)

1,8-二硝基萘

1,5-二硝基萘

(4)

1,6-二硝基萘

1,7-二硝基萘

第7章 对 映 异 构

问题 7-1 (1) $C_2H_5CH=CHCH(CH_3)CH=CHC_2H_5$ (2) $BrCH_2CH(CH_3)CH_2Cl$ (3)

无

(4) $CH_3-CH-CH_2CH_3$ 无   (5)   无   (6)

CH_2CH_3

问题 7-2 (1) 一个 (2) 两个 (3) 两个 (4) 一个

问题 7-3

问题 7-4 (1) 2-碘丁烷(有对映体) (2) 2-氯-2-溴丁烷(有对映体) (3) 2,2-二溴丙酸(无对映体)

问题 7-5 A 与 B 是非对映体,A 与 C 是对映体,B 与 C 是非对映体。

问题 7-6

问题 7-7 (1) 有光学活性 (2) 没有光学活性(因有对称面) (3) 没有光学活性(因有对称面)

(4) 有光学活性

第8章 卤 代 烃

问题 8-1 (1) 3,5-二溴甲苯 (2) 2-甲基-3-溴丁烷 (3) 4-氯-1-环戊烯 (4) 3-甲基-4-溴-1-丁烯

问题 8-2 (1) 加入 $AgNO_3$ 的醇溶液,1-碘丁烷立即出现黄色沉淀,1-溴丁烷加热出现沉淀,1-溴-1-丁

烯加热也不出现沉淀。

(2) 加入 $AgNO_3$ 的醇溶液,$C_6H_5-CH_2-Cl$ 立即出现白色沉淀,$C_6H_5-CH_2-CH_2-Cl$

加热出现沉淀,C_6H_5-Cl 加热也不出现沉淀。

问题 8-3 (1)   (2) $CH_3-C=CHCH_2OH$

Cl

问题 8-4　均不能,因 Grignard 试剂可与活泼 H(包括炔烃叁键的 H、氨基的 H、羟基的 H 等)迅速发生反应使结构破坏。

问题 8-5

问题 8-6　(2)>(1)>(4)>(3)

问题 8-7　(3)>(4)>(2)>(1)

问题 8-8　(1) (2)

问题 8-9　方法一

方法二

问题 8-10　(1)

(2) $HOCH_2CH_2CH_2CH_2I$

第 9 章　醇、酚、醚

问题 9-1　沸点:正丁醇>仲丁醇>正戊烷。醇分子间能形成氢键,且正丁醇分子排列更紧密,分子间作用力大,沸点最高。

问题 9-2　(1) $(CH_3)_2C=CHCH_2CH_3$　　　　(2) $CH_3CHCH(CH_3)_2$
　　　　　　　　　　　　　　　　　　　　　　　　　　　　　　$|$
　　　　　　　　　　　　　　　　　　　　　　　　　　　　　　Cl

(3) 　　　　(4) $CH_3CH_2CCH_3$
　　　　　　　　　　　　　　　　　　　　　　　　　　　　$\|$
　　　　　　　　　　　　　　　　　　　　　　　　　　　　O

问题 9-3 (1)、(2)、(4)、(5)有分子内氢键。

问题 9-4 (1)
$$CH_2\!=\!CHCH_2OH \atop CH_3CH_2CH_2OH \atop CH_3CH_2CH_2Cl} \xrightarrow[\triangle]{AgNO_3/EtOH} \begin{cases} 无现象 \\ 无现象 \\ 出现浑浊 \end{cases} \xrightarrow{Lucas\ 试剂} \begin{cases} 立即出现浑浊 \\ 加热出现浑浊 \end{cases}$$

(2)
苯-CH₂OH / HO-苯-CH₃ / 苯-CH₃ $\xrightarrow{FeCl_3}$ 显色反应 / 无现象 / 无现象 $\xrightarrow{Lucas\ 试剂}$ 立即出现浑浊 / 无现象

问题 9-5 (1) A (2) A (3) A

问题 9-6 (1) 3-戊烯-1-醇   (2) 2,5-己二醇   (3) 4-戊炔-1-醇   (4) E-4-己烯-2-醇
(5) 2-甲基-1-乙基环己醇 (6) 4-溴-1,2-苯二酚 (7) 3-甲氧基-2-戊醇 (8) 乙基异丙基醚
(9) 3-甲基-2-环己烯醇 (10) 4-甲基-1-甲氧基-2-戊醇

问题 9-7 (1) 苯-OH + C₂H₅I

(2) CH₃CH₂CH₂CH₂CH₂CH₂OMgBr，CH₃CH₂CH₂CH₂CH₂CH₂OH

问题 9-8
$$\underset{\underset{CH_3}{|}}{CH_3CHCHCH_3} \xrightarrow[\triangle]{浓\ H_2SO_4} (CH_3)_2C\!=\!CHCH_3 \xrightarrow{HCl} \underset{\underset{Cl}{|}}{CH_3\underset{\overset{|}{CH_3}}{C}CH_2CH_3} \xrightarrow{NaOH} \underset{\underset{OH}{|}}{CH_3\underset{\overset{|}{CH_3}}{C}CH_2CH_3}$$

第 10 章　醛、酮和核磁共振谱

问题 10-1 (1) 4-甲氧基丁醛 (2) 3-丁烯-2-酮 (3) 环己基乙酮 (4) 2-甲酰基苯磺酸

问题 10-2 正丁醇可以形成分子间氢键,正丁醛和乙醚不能形成分子间氢键,但是正丁醛中含有极性的羰基,分子极性较大,沸点较高。

问题 10-3 (1) 二氢吡喃-OCH₂CH₃ $\xrightarrow[H_2O]{H^+}$ OHC—CHO + CH₃CH₂OH

(2) 缩酮 $\xrightarrow[H_2O]{H^+}$ 环己酮=O + HO—OH

问题 10-4 仔细观察发现目标产物是比原料多了一个碳的伯醇,伯醇的制备可以采用格氏试剂与甲醛反应来实现,但是原料分子中本身含有一个活泼的羰基,为了避免原料中羰基的干扰,需要进行羰基保护。合成路线如下:

$$羰基化合物—Br \xrightarrow[H^+]{HO\ OH} 缩酮—Br \xrightarrow[无水乙醚]{Mg} 缩酮—MgBr$$

$$\xrightarrow{HCHO} 缩酮—OMgBr \xrightarrow[H_2O]{H^+} 羰基—OH$$

问题 10-5
$$CH_3\overset{O}{\overset{\|}{C}}—苯 \xrightarrow{Br_2/Fe} CH_3\overset{O}{\overset{\|}{C}}—苯Br \xrightarrow[H^+]{HO\ OH} CH_3\overset{缩酮}{C}—苯Br \xrightarrow{Mg/乙醚}$$

$$CH_3\overset{缩酮}{C}—苯MgBr \xrightarrow[无水乙醚]{CH_3COCH_3} \xrightarrow[H_2O]{H^+} CH_3\overset{O}{\overset{\|}{C}}—苯—\underset{\underset{CH_3}{|}}{\overset{OH}{\overset{|}{C}}}CH_3$$

问题 10-6 酸催化反应有一个诱导期,反应会生成酸,自身催化反应不断进行;对于不对称的酮,卤化反应优先在形成稳定烯醇结构的一边进行:$COCHR_2 > COCH_2R > COCH_3$;通过控制卤素的用量,可将卤化反应控制在一元、二元、三元阶段。碱催化时,反应速率越来越快,不能控制在一元卤化阶段;对于不对称的酮,卤化反应优先夺取位阻小的 H:$COCH_3 > COCH_2R > COCHR_2$。

问题 10-7 能发生碘仿反应的是(1)(2)(4)(6)(7)。

问题 10-8 (1) $OHC-CH_2\cdots CH-CHO \xrightarrow{OH^-}$ (环戊烯-CHO)

(2) (十氢萘) $\xrightarrow{O_3}$ $\xrightarrow{Zn/H_2O}$ (二醛) $\xrightarrow{OH^-}$ (稠环酮)

(3) $CH_3COCH_2CH_3 \xrightarrow{LDA} CH_2=C(OLi)CH_2CH_3 \xrightarrow{呋喃-CHO} 呋喃-CH=CHCOCH_2CH_3$

问题 10-9 用 Tollens 试剂鉴别出苯甲醛(黑色沉淀);用 $I_2/NaOH$ 鉴别出苯乙酮(黄色沉淀);用酸性 $KMnO_4$ 鉴别出苯甲醇(褪色),剩下的是苯乙醚。

问题 10-10 (1)(2)能发生歧化反应, (3)(4)能发生羟醛缩合。

问题 10-11 (1) $NaBH_4$ 或 $LiAlH_4$
(2) NH_2NH_2,$KOH/(HOCH_2CH_2)_2O$
(3) $Zn-Hg/HCl$

问题 10-12 (1) 环己醇$-OH \xrightarrow[吡啶]{CrO_3}$ 环己酮$=O \xrightarrow{CH_3CH_2MgBr} \xrightarrow[H_2O]{H^+} \xrightarrow{\triangle}$ 环己烯$-CH_2CH_3$
$\xrightarrow[H_2]{Ni}$ 环己基$-CH_2CH_3$

(2) 苯 $\xrightarrow[Fe]{Br_2}$ 苯$-Br \xrightarrow[AlCl_3]{CH_3CH_2COCl} CH_3CH_2CO-苯-Br \xrightarrow[HCl]{Zn-Hg}$
$CH_3CH_2CH_2-苯-Br \xrightarrow[无水乙醚]{Mg} CH_3CH_2CH_2-苯-MgBr \xrightarrow{CH_3CHO}$
$\xrightarrow[H_2O]{H^+} CH_3CH_2CH_2-苯-CH(OH)CH_3$

问题 10-13 (1) $CrO_3/$吡啶; (2) Tollens 试剂; (3) $NaBH_4$

问题 10-14
(丁二烯) $+$ (丙烯醛 CHO) $\longrightarrow$ (环己烯$-CHO$)
苯 $\xrightarrow[AlCl_3]{CH_3COCl}$ 苯$-COCH_3$
$\xrightarrow{NaOH}$ 环己烯$-CH=CH-CO-$苯
$\xrightarrow{NaBH_4}$ 环己基$-CH=CH-CH(OH)-$苯

第 11 章 羧酸、羧酸衍生物和质谱

问题 11-1 (1) 4-乙基-4-戊烯酸 (2) β-萘乙酸 (3) 反-丁烯二酸 (4) 4-羟基-2-戊烯酸

问题 11-2

问题 11-3 (1) 乙二酸>甲酸>乙酸>苯酚>乙醇 (2) 邻甲酰基苯甲酸>苯甲酸>对羟基苯甲酸> 间氨基苯甲酸

问题 11-4 分别加入 $I_2/NaOH$ 溶液,产生黄色沉淀的为 2-羟基丙酸和丙酮酸,两者分别加入酸性 $KMnO_4$ 溶液,褪色的为 2-羟基丙酸。无黄色沉淀的分别加入酸性 $KMnO_4$ 溶液,褪色的 为 3-羟基丙酸,不褪色的为丙酸。

问题 11-5 $CH_3CH_2\underset{Br}{CHCOOH}$, $CH_3CH_2\underset{OH}{CHCOOH}$, $CH_3CH=CHCOOH$

问题 11-6 (1) 对甲基苯甲酰溴 (2) 对氯甲酰基苯甲酸 (3) 顺-2,3-二甲基丁烯二酸酐
(4) N-甲基苯甲酰胺

问题 11-7

问题 11-8

问题 11-9 分别加入 $FeCl_3$ 溶液,不显紫色的为 2-戊酮和 3-戊酮,分别加入 $I_2/NaOH$ 溶液,产生黄色 沉淀的为 2-戊酮;另外两种分别加入 $NaHCO_3$ 溶液,有气体产生的为 3-丁酮酸,剩下的为 乙酰乙酸乙酯。

问题 11-10

问题 11-11 该油脂的皂化值=$(0.5×15×56)/2=210$;其平均相对分子质量=$168\ 000/210=800$

第 12 章 胺及其衍生物

问题 12-1 (1) 二苄基胺 (2) N-甲基-N-乙基对甲苯胺 (3) 溴化三甲基苄基铵
(4) 三乙胺盐酸盐 (5) R-氢氧化甲烯丙基苄基苯基铵

问题 12-2 (1) C>A>D>B (2) A>B>C (3) A>B>C

问题 12-3

问题 12-4 (1)

(2) 用 NaOH 溶液加热,丙酰胺有气体(NH_3)放出。

(3) 用 $AgNO_3$ 溶液,前者有白色沉淀。

(4) 用 和 NaOH 鉴别。

问题 12-5

O_2N — NH—C(=O)—CH$_2$CH$_3$ (3-nitro group, N-propanoyl aniline structure)

问题 12-6 C$_6$H$_5$—CH$_3$ $\xrightarrow{KMnO_4}$ C$_6$H$_5$—COOH $\xrightarrow[\triangle]{NH_3}$ C$_6$H$_5$—CONH$_2$ $\xrightarrow{Br_2/NaOH}$ C$_6$H$_5$—NH$_2$

问题 12-7 (1) C$_6$H$_5$—CH$_3$ $\xrightarrow[H_2SO_4]{HNO_3}$ (p-nitrotoluene, CH$_3$ ... NO$_2$) $\xrightarrow{Fe+HCl}$ $\xrightarrow{Br_2}$ (toluene with CH$_3$, two Br ortho to NH$_2$) $\xrightarrow[0\sim5℃]{NaNO_2,HCl}$ $\xrightarrow[H_2O]{H_3PO_2}$

3,5-dibromotoluene (CH$_3$, Br, Br) $\xrightarrow[h\nu]{Br_2}$ CH$_2$Br (3,5-dibromobenzyl bromide) $\xrightarrow[乙醇]{NaCN}$ CH$_2$CN (3,5-dibromo) $\xrightarrow{H_3O^+}$ CH$_2$COOH (3,5-dibromophenylacetic acid)

(2) C$_6$H$_5$—CH$_3$ $\xrightarrow[H_2SO_4]{HNO_3}$ (CH$_3$ ... NO$_2$ para) $\xrightarrow{Fe+HCl}$ $\xrightarrow{(CH_3CO)_2O}$ (CH$_3$ ... NHCOCH$_3$) $\xrightarrow[H_2SO_4]{HNO_3}$ $\xrightarrow{H_3O^+}$

(CH$_3$, NO$_2$, NH$_2$) $\xrightarrow[0\sim5℃]{NaNO_2,HCl}$ $\xrightarrow[H_2O]{H_3PO_2}$ (CH$_3$, NO$_2$) $\xrightarrow{Fe+HCl}$ $\xrightarrow[0\sim5℃]{NaNO_2,HCl}$ $\xrightarrow[KCN]{CuCN}$

$\xrightarrow{H_3O^+}$ (CH$_3$, COOH; m-toluic acid)

(3) C$_6$H$_6$ $\xrightarrow[H_2SO_4]{HNO_3}$ $\xrightarrow{Fe+HCl}$ $\xrightarrow{(CH_3CO)_2O}$ $\xrightarrow[H_2SO_4]{HNO_3}$ (NHCOCH$_3$ ... NO$_2$) $\xrightarrow[OH^-]{H_2O}$

$\xrightarrow[0\sim5℃]{NaNO_2+HCl}$ (N$_2^+$Cl$^-$ ... NO$_2$)

C$_6$H$_6$ $\xrightarrow{H_2SO_4}$ $\xrightarrow{Na_2CO_3}$ SO$_3$Na $\xrightarrow[300℃]{NaOH}$ ONa $\xrightarrow{CO_2}$ $\xrightarrow{H^+}$ (OH, COOH salicylic acid)

(N$_2^+$Cl$^-$ ... NO$_2$) + (OH, COOH) $\xrightarrow{OH^-}$ $\xrightarrow{H^+}$ O$_2$N— —N=N— —(COOH, OH)

问题 12-8 (1) (Cl) —N=N— —OH

(2) CH$_3$— —N=N— —(Br, HO)

— 100 —

第13章 碳水化合物

问题 13-1

问题 13-2

β-L-吡喃葡萄糖   α-L-吡喃葡萄糖

问题 13-3 （1）   （2）

问题 13-4 （1）   （2）   （3）

问题 13-5

向右倒

问题 13-6

CHO | | | CH₂OH | ═O | | | CH₂OH   CH₂OH | ═O | | | CH₂OH

问题 13-7

(1) COOH | | | | CH₂OH

(2) COOH | | | | COOH

(3)

(4) COOH | | | | | CH₂OH   COOH | | | | | CH₂OH

问题 13-8　(2)能,(2)为酮糖,而(1)为糖苷,(3)为糖内酯,(4) 为多元醇。

问题 13-9　(1)和(2)有变旋现象。

问题 13-10　(1) 葡萄糖 蔗糖 } Tollens 试剂 → { Ag↓ —　(2) 纤维素 淀粉 } 碘 → { — 蓝紫色

(3) 麦芽糖 淀粉 } Tollens 试剂 → { Ag↓ —　(4) 葡萄糖 果糖 } 溴水 → { 褪色 —

第 14 章　杂环化合物

问题 14-1　(1) 因为亲电试剂进攻 α-位时,得到三个共振杂化体,其中Ⅰ和Ⅱ为烯丙基型正离子,能量较低。进攻 β-位时,只得到两种共振杂化体,能量较高。所以呋喃的亲电取代主要发生在 α-位。

进攻α-位 [Ⅰ ↔ Ⅱ ↔ Ⅲ] $-H^+$ →

E⁺

进攻β-位 [↔] $-H^+$ →

(2) 因为亲电试剂进攻 α-位或 γ-位时,将产生电负性较大的氮原子带正电荷的共振极限式,极不稳定;进攻 β-位时,正电荷在电负性较小的碳原子上,较为稳定,所以吡啶的 β-位比 α-位、γ-位更容易接受亲电试剂的进攻。

问题 14-2 因为(1)和(2)中具有六个 π 电子,(3)中具有十个 π 电子,且能形成环状共轭体系,符合休克尔的 $4n+2$ 规则,因此(1)、(2)和(3)均具有芳香性;而(4)中虽然也具有六个 π 电子,但不能形成环状共轭体系,故(4)无芳香性。

问题 14-3

问题 14-4 苄胺＞氨＞吡啶＞苯胺＞吡咯

第 15 章 氨基酸、蛋白质和核酸

问题 15-1

问题 15-2

问题 15-3 (1)

(2)

(3)

(4)

问题 15-4

问题 15-5 三级结构的形成主要靠侧链上 R 基团的相互作用。其作用力有①氢键;②盐键(离子键);③疏水作用力;④范德华力;⑤二硫键。氢键、盐键、疏水作用力、范德华力等分子间作用力比共价键弱得多,称为次级键。虽然次级键键能较小,稳定性较差,但数量多,故在维持蛋白质空间构象中起着重要作用。

问题 15-6 G 与 C 之间结合得更牢固,因 A 与 T 之间形成 2 个氢键,G 与 C 之间形成 3 个氢键。

《有机化学(第四版)》习题参考答案

第1章 绪 论

1. 价键理论和杂化轨道理论都是关于分子如何构成的理论。两者之间主要区别在于：①形成共价键前的原子轨道在形状、伸展方向和能量方面不同。价键理论认为原子轨道在重叠形成共价键之前仍然保持原有的形状、伸展方向和能量，而杂化轨道理论认为原子轨道需经过杂化，改变其原有形状、伸展方向，降低其能量，以便更有利于共价键的形成。②形成的分子空间构型不同。以 CH_4 分子为例，共价键理论认为 C—H 键之间的夹角为 90°，无法解释 CH_4 分子的正四面体结构，而杂化轨道理论则通过 sp^3 杂化能很好地解释。

2. C∶H＝(86.2/12)∶(13.8/1)＝7.18∶13.8＝1∶2，则该有机化合物的实验式为 CH_2，$u=70/(12+2)=5$，所以该化合物的分子式为 C_5H_{10}。

3. 均裂，发生游离基型反应；异裂，发生离子型反应。

4. 略。

5. σ 键沿键轴对称分布，π 键沿垂直于 p 轨道的平面对称分布。

6. 双键碳原子为 sp^2 杂化，甲基碳原子为 sp^3 杂化。

7. 水的酸性更强，根据酸碱理论，强酸的共轭碱为弱碱，弱酸的共轭碱为强酸。

8. 质子酸：H^+、RNH_3^+、H_2S，质子碱：CN^-、OH^-、RCH_2^-、NH_2^-、RO^-，既是酸又是碱：H_2O、HS^-、NH_3、HCO_3^-。

第2章 烷 烃

1. (1) 3-甲基戊烷　　　　　　　　(2) 3-甲基-3-乙基己烷
   (3) 2,2,4-三甲基-3,3-二乙基戊烷　(4) 2-甲基-4,5-二乙基庚烷

2. (1)
   (2)

3. (1)
   2,2-二甲基丁烷
   (2)
   2,3,3-三甲基戊烷
   (3) $CH_3(CH_2)_2—CH—(CH_2)_2CH_3$
   (4)
   2,3-二甲基 3-乙基戊烷

104

(5)
$$CH_3CH_2CH\underset{\underset{(CH_2)_2CH_3}{|}}{\overset{\overset{CH_3}{|}}{C}}\underset{\underset{CH_2CH_3}{}}{\overset{\overset{CH_3\ CH_3}{|\ \ |}}{CH}}CH-CH_2CH_3$$

(6)
$$(CH_3)_3C\underset{}{CH}CH_2\underset{\overset{CH_3}{|}}{CH}\underset{\overset{}{|}}{CH}CHCH_3$$
带有多个甲基取代

2,2,3,5,6-五甲基庚烷

4. (1)
$$CH_3-\underset{\underset{CH_3}{|}}{\overset{\overset{CH_3}{|}}{C}}-CH_3$$

(2) $H_3C-CH_2-CH_2-CH_2-CH_3$

(3)
$$H_3C-CH_2-\underset{\underset{CH_3}{|}}{CH}CH_3$$

(4)
$$CH_3-\underset{\underset{CH_3}{|}}{\overset{\overset{CH_3}{|}}{C}}-CH_3$$

5. (3)>(2)>(1)>(4)

6. (1) 纽曼投影式 Br/Cl

(2) 纽曼投影式 CH3/C2H5

第 3 章　烯烃和红外光谱

1. 提示:戊烯 3 种(包括顺反异构体)、丁烯 3 种。

2. (1) 3-甲基-2-戊烯　(2) 3-甲基-2-乙基-1-丁烯　(3) (*Z*)-1-氯-1-溴-1-丁烯　(4) (*E*)-2-氯-3-己烯

(5)
$$CH_3CH_2CH_2\underset{\underset{CH_3}{|}}{C}=\underset{\underset{CH_3}{|}}{C}CH_2$$

(6) 烯烃结构式

(7) 烯烃结构式

(8) 烯烃结构式

3. 用浓硫酸洗涤。烯烃与浓硫酸作用生成酸性硫酸酯而溶于硫酸中,烷烃不与硫酸作用;故可以分层。

4.

5. (1)>(3)>(4)>(2)

6. 烯烃结构式

7. 烯烃结构式　或　烯烃结构式

8. (1) $(CH_3)_3C-Br$　　$(CH_3)_2CHCH_2Br$

(2)
$$CH_3-\underset{\underset{Br}{|}}{\overset{\overset{CH_3}{|}}{C}}-CH=CH_2$$　　
$$(CH_3)_2CH\underset{\underset{Br}{|}}{CH}\underset{\underset{Br}{|}}{CH}-CH_2$$

(3) $(CH_3CH_2CH_2)_3B$　　$CH_3CH_2CH_2OH$

(4) $(CH_3)_2CO+CH_3CH_2CHO$

105

(5)

第 4 章 炔烃、共轭二烯烃和紫外光谱

1. (1) 2,2,5-三甲基-3-己炔　　(2) 1,3-己二烯-5-炔　　(3) 5-庚烯-1,3-二炔

(4) 　　(5) 　　(6)

(7)

2. (1) $H{=\!\!=}H \xrightarrow{\text{NaNH}_2/\text{乙醚}} H{=\!\!=}Na \xrightarrow{\text{CH}_3\text{CH}_2\text{CH}_2\text{Br}} \text{T.M.}$

(2) $H{=\!\!=}H \longrightarrow H{=\!\!=}Na \xrightarrow{\text{CH}_3\text{I}} H{=\!\!=}CH_3 \xrightarrow{\text{NaNH}_2/\text{乙醚}}$

$Na{=\!\!=}CH_3 \xrightarrow{\text{CH}_3\text{CH}_2\text{CH}_2\text{Br}} \text{T.M.}$

(3) $H{=\!\!=}H \xrightarrow{\text{Cl}_2}$ $\xrightarrow{\text{H}_2/\text{Ni}} \text{T.M.}$

(4) $H{=\!\!=}H \xrightarrow{\text{NaNH}_2/\text{乙醚}} Na{=\!\!=}Na \xrightarrow{\text{CH}_3\text{I}}$ $\xrightarrow{\text{H}_2/\text{Ni}} \text{T.M.}$

(5) $H{=\!\!=}H \xrightarrow{\text{NaNH}_2/\text{乙醚}} Na{=\!\!=}Na \xrightarrow{\text{CH}_3\text{I}}$ $\xrightarrow{\text{Na/NH}_3(\text{l})} \text{T.M.}$

(6) $H{=\!\!=}H \xrightarrow{\text{CuCl}_2/\text{NH}_4\text{Cl}}$ $\xrightarrow[\text{H}_2\text{SO}_4]{\text{H}_2\text{O}}$ $\xrightarrow{\text{H}_2/\text{Ni}} \text{T.M.}$

(7) $H{=\!\!=}H \xrightarrow{\text{CuCl}_2/\text{NH}_4\text{Cl}}$ $\xrightarrow{\text{HBr/H}_2\text{O}_2}$ $\xrightarrow{\text{H}_2/\text{Ni}} \text{T.M.}$

(8) $H{=\!\!=}H \xrightarrow{\text{NaNH}_2/\text{乙醚}} Na{=\!\!=}H \xrightarrow{\text{CH}_3\text{CH}_2\text{Br}}$ $\xrightarrow{\text{2HCl}} \text{T.M.}$

3. (1) $\xrightarrow{\text{H}_2}{\text{Pd/CaCO}_3\text{-Pb(CH}_3\text{COO)}_2}$ $\xrightarrow{\text{Br}_2/500℃}$ $\xrightarrow{\text{NaOH/C}_2\text{H}_5\text{OH}} \text{T.M.}$

(2)

(3) 和

(4) B 是共轭体系,进行 1,4-加成形成稳定的化合物。A 不是共轭体系,双键加成的活性比叁键大。

(5) 不矛盾。乙炔中的 C 原子采取 sp 杂化,C—H 键中沿键轴重叠最大,因而键能最大;同时由于 s 成分多,C 原子对成键电子的吸引能力增强,从而在 C—H 键中,成键电子云偏向于碳原子,对氢原子的束缚较弱而显酸性。

(6) 不矛盾。电子的离域作用使其稳定,同时离域电荷的相对流动性又使它相对活泼。

(7) 有,但不是只有它。在形成 3 中心 3 电子的烯丙基游离基后,两端都可以被溴游离基进攻,形成两种产物。

4. (A) —Ag;(B) ;(C) 甲烷;(D) $=\!\!=$—MgBr;(E) $=\!\!=$;(F) —Na;

(G) ;(H) ;(I) $CH_3C{\equiv}CNa$;(J) $CH_3C{\equiv}CH$;(K) $CH_3CO_2H+CO_2$;

(L) $CH_2=C-CH=CH_2$; (M) $BrCH_2-C-CH=CH_2$; (N) $BrCH_2-C=CHCH_2CH_3$

（结构式上方/下方的甲基：CH_3 ... CH_3 ... CH_3）

5. 略

6. 前者为 1,2-加成产物,由速度控制,后者为 1,4-加成产物由平衡控制。反应式略。

7. (1) 先聚合成乙烯基乙炔,然后生成炔钠,和烯丙基氯反应。

(2) 将丙烯变成烯丙基氯,将乙炔加 1 分子 HCl,然后在碱性条件下水解,生成乙烯醇钠,然后反应得产物。

(3)

(4)

8. (1) $AgNO_3/NH_3$,分出炔烃,然后硝酸酸化得 1-癸炔,余下为 1-癸烯,分离干燥即可。

(2) 用酸性高锰酸钾溶液氧化 3-己烯和 3-己炔,然后用分液漏斗分离。

第5章 脂 环 烃

1. (1) 1-甲基-2-异丙基环戊烷 (2) 1,6-二甲基螺[4.5]癸烷 (3) 1-甲基-2-乙基环戊烷 (4) 螺[3.4]辛烷 (5) 双环[2.2.1]庚烷 (6) 反-1,2-二甲基环丙烷 (7) 异丙基环丙烷 (8) 5-溴螺[3.4]辛烷 (9) 顺-1-甲基-2-异丙基环己烷 (10) 2,7,7-三甲基双环[2.2.1]庚烷 (11) 6-甲基螺[2.5]辛烷 (12) 7,7-二氯双环[4.1.0]庚烷

2.

3.

(9) ... (10) ...

4. (1) ... (2) ... (3) ...
(4) ... (5) ... (6) ...

5. (1) AgNO$_3$/NH$_3$，KMnO$_4$ 溶液 （2）KMnO$_4$ 溶液 （3）AgNO$_3$/NH$_3$，KMnO$_4$ 溶液 （4）KMnO$_4$ 溶液 （5）Br$_2$/CCl$_4$

6. 略。

7. (1) A. ... B. ... C. ... D. ...

E. ... F. ... G. ...

(2) A. ... B. ... C. ... D. ...

(3) A. ... B. ... C. ...

第6章 芳 香 烃

1. （1）4-氯甲苯 （2）叔丁基苯 （3）对二甲苯 （4）4-甲基苯磺酸钠
（5）1-苯基-2-丁烯 （6）苯甲醇 （7）3-甲基-4-羟基苯甲酸 （8）1,6-二甲基萘

2. （1）对二甲苯＞甲苯＞苯＞对氯甲苯 （2）甲苯＞氯苯＞硝基氯苯＞2,4-二硝基氯苯
（3）乙酰苯胺＞苯＞苯乙酮 （4）对二甲苯＞甲苯＞对甲基苯甲酸＞对苯二酸

3. （1）... + ... （2）...—COOH

（3）...—COOH （4）... + ...

（5）... + ... （6）...—CHBrCH$_3$

（7）...—COCH$_2$CH$_3$＋C$_2$H$_5$—...—COCH$_2$CH$_3$ （8）...—NO$_2$＋C$_2$H$_5$—...—NO$_2$

4. ...

5. (1) 加入银氨溶液,产生白色沉淀的是 1-己炔;余下两者加入高锰酸钾,褪色的是 1,3-环己二烯。

(2) 加入银氨溶液,产生白色沉淀的是苯乙炔;余下两者加入高锰酸钾,褪色的是环己烯。

(3) 加入溴水,褪色的是 1-苯基环己烯。

6. (1) $C_6H_5CH_3 \xrightarrow[\text{H}_2\text{SO}_4]{\text{HNO}_3} O_2N\text{-}C_6H_4\text{-}CH_3 \xrightarrow[\text{Fe}]{\text{Cl}_2} O_2N\text{-}C_6H_3(\text{Cl})\text{-}CH_3$

(2) $C_6H_5\text{-}CH_3 \xrightarrow[\text{Fe}]{\text{Cl}_2} Cl\text{-}C_6H_4\text{-}CH_3 \xrightarrow[\triangle]{\text{KMnO}_4,\ \text{H}^+} Cl\text{-}C_6H_4\text{-}COOH$

(3) $C_6H_5\text{-}CH_3 \xrightarrow[\text{AlCl}_3]{(\text{CH}_3)_3\text{CCl}} (\text{CH}_3)_3\text{C}\text{-}C_6H_4\text{-}CH_3 \xrightarrow[\triangle]{\text{KMnO}_4,\ \text{H}^+} (\text{CH}_3)_3\text{C}\text{-}C_6H_4\text{-}COOH$

(4) $C_6H_6 \xrightarrow[\text{AlCl}_3]{\text{CH}_3\text{COCl}} C_6H_5\text{-}COCH_3 \xrightarrow[\text{H}_2\text{SO}_4]{\text{HNO}_3} O_2N\text{-}C_6H_4\text{-}COCH_3$

(5) $2\ C_6H_6 + ClCH_2Cl \xrightarrow{\text{AlCl}_3} C_6H_5\text{-}CH_2\text{-}C_6H_5$

(6) $C_6H_5\text{-}CH_3 \xrightarrow[\text{Fe}]{\text{Br}_2} Br\text{-}C_6H_4\text{-}CH_3 \xrightarrow[\text{H}^+,\triangle]{\text{KMnO}_4} Br\text{-}C_6H_4\text{-}COOH \xrightarrow[\text{H}_2\text{SO}_4]{\text{HNO}_3} \text{T. M.}$

7. A. (邻溴氯苯)   B. (对溴氯苯)   C. (Br, Cl, Br 取代苯)   D. (Br, Br, Cl 取代苯)

第 7 章 对映异构

1. (1)、(2)、(6)、(7)具有手性。

2. (1) 具有旋光活性的物质称为旋光性物质。

(2) 使偏振光向左偏转的现象称为左旋;使偏振光向右偏转的现象称为右旋。

(3) 实物和镜像不能重叠的现象称为具有手性。

(4) 连有四个不同基团的碳原子称为手性碳原子。

(5) 构造式相同的两个分子,由于原子在空间的排列不同,彼此互为镜像,不能重合的分子,互称对映体。

(6) 构造式相同,构型不同,但不是实物与镜像关系的化合物互称非对映体。

(7) 分子内,含有构造相同的手性碳原子,但存在对称面的分子,称为内消旋体,用 *meso* 表示。

(8) 一对对映体右旋体和左旋体的等量混合物称为外消旋体。

(9) 将手性碳上四个不同基团按顺序规则从大到小排列,从远离最小基团的方向观察手性碳上的其余三个基团,若这三个基团从大到小按顺时针方向排列,构型是 *R*;按逆时针方向排列,构型是 *S*。

(10) 为了研究的方便,人为地选定右旋的甘油醛为标准物,将它的结构按 Fischer 投影式的投影原则进行投影,这时其碳链处于竖直方向,醛基在碳链上端,中间碳上的羟基处于 Fischer 投影式的右侧,规定这种构型的甘油醛为 D 构型。与之对应,左旋甘油醛中,中间碳上的羟基处于 Fischer 投影式的左侧,则为 L 构型。

(11) 使偏振光向右偏转的现象称为右旋,用符号"+"表示;使偏振光向左偏转的现象称为左旋,用符号"—"表示。

(12) 通常规定 1mol 含 1g 旋光性物质的溶液,放在 1dm(10cm)长的盛液管中测得的旋光度,称为该物质的比旋光度。

3. (1) 分子具有旋光性的充分必要条件是该分子没有对称中心和对称面。

(2) 含手性碳的化合物一定具有旋光异构体。含手性碳的化合物不一定具有旋光性,如内消旋体。

(3) 有旋光性一定具有手性。

(4) 有手性不一定有手性碳。

4. (1) S-2,2-二甲基-3-溴戊烷　　　　(2) R-3-丁烯-2-醇

(3) $(2S,3R)$-2,3-二氯丁烷　　　　(4) R-2-甲基-3-丁炔醛

5. (1) 对映体　(2) 对映体　(3) 同一化合物　(4) 对映体

6. (1) 无　(2) 有　(3) 有　(4) 无　(5) 有　(6) 有

7. 两个手性碳,4 个旋光异构体,(1)和(2)、(3)和(4)互为对映异构体。(1)和(3)、(1)和(4)、(2)和(3)、(2)和(4)互为非对映异构体。

(1)　　　　(2)　　　　(3)　　　　(4)

8. $HC \equiv C-CH-CH_2-CH_3$
    　　　　$|$
    　　　CH_3

9. (A)　　　　(B)

$\xrightarrow{Br_2/CCl_4}$

$\xrightarrow[Zn/H_2O]{O_3}$ $2C_6H_5(CH_2)_2CH_2CHO$

10. 构型没有变化,酯化过程没有涉及手性碳原子。

11. (1) (S)　　　　(2) (S)　　　　(3) (R)

(4) (S)　　　　(5) (R)　　　　(6) (2R,3R)

12. 64°,对映体的比旋光度是 $-64°$、$+64°$。

第8章　卤　代　烃

1. 卤素原子直接连在 sp^2 杂化碳上,卤原子上的未共用电子对与双键的 π 电子云形成 p-π 共轭体系

(富电子 p-π 共轭),使碳卤键难以断裂。卤素原子连在 sp² 杂化碳相邻的碳原子上,卤素原子易解离下来,形成 p-π 共轭体系的碳正离子,正电荷得到分散,使体系趋于稳定,因此有利于亲核取代反应的进行。

2. 水解活性:

$$\text{C}_6\text{H}_5\text{—CHClCH}_3 > \text{C}_6\text{H}_5\text{—CH}_2\text{CH}_2\text{Cl} > \text{Cl—C}_6\text{H}_4\text{—CH}_2\text{CH}_3$$

3. 活性:2-环己基-2-溴丙烷>2-溴丙烷>1-溴丙烷>1-溴丙烯

4. (1) 2,2-二甲基-1-氯丙烷　　　(2) 1-氯-4-溴-1-丁烯

(3) 3-氯-1-环己烯　　　(4) 对氯甲苯

(5) 3-氯-1-丙醇　　　(6) 四氟乙烯

5. (1) $\underset{\underset{\text{CH}_3}{|}}{\overset{\overset{\text{CN}}{|}}{\text{CH}_3\text{CHCHCH}_2\text{CH}_3}}$　　(2) $\underset{\underset{\text{CH}_3}{|}}{\overset{\overset{\text{NH}_2}{|}}{\text{CH}_3\text{CHCHCH}_2\text{CH}_3}}$　　(3) $\underset{\underset{\text{CH}_3}{|}}{\overset{\overset{\text{MgCl}}{|}}{\text{CH}_3\text{CHCHCH}_2\text{CH}_3}}$

(4) $\underset{\underset{\text{CH}_3}{|}}{\overset{\overset{\text{ONO}_2}{|}}{\text{CH}_3\text{CHCHCH}_2\text{CH}_3}}$　　(5) $\underset{\underset{\text{CH}_3}{|}}{\overset{\overset{\text{C}\equiv\text{CH}}{|}}{\text{CH}_3\text{CHCHCH}_2\text{CH}_3}}$　　(6) $\underset{\underset{\text{CH}_3}{|}}{\overset{\overset{\text{I}}{|}}{\text{CH}_3\text{CHCHCH}_2\text{CH}_3}}$

(7) $\underset{\underset{\text{CH}_3}{|}}{\overset{\overset{\text{OH}}{|}}{\text{CH}_3\text{CHCHCH}_2\text{CH}_3}}$　　(8) $\underset{\underset{\text{CH}_3}{|}}{\text{CH}_3\text{CH}=\text{CCH}_2\text{CH}_3}$

6. (1) $\text{Cl—C}_6\text{H}_4\text{—CH}_2\text{CN}$　　$\text{Cl—C}_6\text{H}_4\text{—CH}_2\overset{\overset{\displaystyle O}{\|}}{\text{C}}\text{NH}_2$

(2) 邻位取代苯，上为 CH=CHBr，下为 CH₂ONO₂

(3) $\text{CH}_3\text{CH}=\text{CMgBr} + \text{CH}_4$

(4) $\underset{\underset{\text{Cl}}{|}}{\text{CH}_3\text{CHCH}_3}$　　$\underset{\underset{\text{ONO}_2}{|}}{\text{CH}_3\text{CHCH}_3}$

(5) 1-甲基-1-溴环戊烷　　1-甲基环戊烯

7. (1) 硝酸银-乙醇溶液,溴水　(2) 硝酸银-乙醇溶液　(3) 硝酸银-乙醇溶液,溴水

8. (1) $\underset{\underset{\text{OH}}{|}}{\text{CH}_3\text{—CH—CH}_3} \xrightarrow{\text{PBr}_3} \underset{\underset{\text{Br}}{|}}{\text{CH}_3\text{—CH—CH}_3}$

(2) $\underset{\underset{\text{OH}}{|}}{\text{CH}_3\text{—CH—CH}_3} \xrightarrow[\triangle]{\text{H}_2\text{SO}_4} \xrightarrow[\text{CCl}_4]{\text{Br}_2} \xrightarrow[\triangle]{\text{KOH/C}_2\text{H}_5\text{OH}} \xrightarrow{\text{HBr}} \underset{\underset{\text{Br}}{|}}{\text{CH}_2=\text{C—CH}_3}$

(3) $\underset{\underset{\text{OH}}{|}}{\text{CH}_3\text{—CH—CH}_3} \xrightarrow[\triangle]{\text{H}_2\text{SO}_4} \xrightarrow{\text{Cl}_2/\triangle} \text{CH}_2\text{ClCH}=\text{CH}_2$

(4) $\underset{\underset{\text{OH}}{|}}{\text{CH}_3\text{—CH—CH}_3} \xrightarrow[\triangle]{\text{H}_2\text{SO}_4} \xrightarrow[\text{CCl}_4]{\text{Br}_2} \xrightarrow[\triangle]{\text{KOH/C}_2\text{H}_5\text{OH}} \xrightarrow[\text{ROOR}']{\text{HBr}} \underset{\underset{\text{Br}}{|}}{\text{CH}=\text{CH—CH}_3}$

9. (1) $CH_3-\overset{\overset{\text{Br}}{|}}{CH}-CH_3$ $\xrightarrow{\text{KOH/C}_2\text{H}_5\text{OH}}$ $\xrightarrow{\text{HBr/过氧化物}}$ $BrCH_2-CH_2-CH_3$

(2) $CH_3-\overset{\overset{\text{Br}}{|}}{CH}-CH_3$ $\xrightarrow{\text{KOH/C}_2\text{H}_5\text{OH}}$ $\xrightarrow{\text{Cl}_2/\triangle}$ $\xrightarrow{\text{Cl}_2}$ $ClCH_2-\overset{\overset{\text{Cl}}{|}}{CH}-CH_2Cl$

(3) $CH_3CH=CH_2$ $\xrightarrow{\text{Cl}_2/\triangle}$ $\xrightarrow{\text{CH}_3\text{CO}_3\text{H}}$ $\xrightarrow{\text{OH}^-/\text{H}_2\text{O}}$ $HOCH_2-\overset{\overset{\text{OH}}{|}}{CH}-CH_2OH$

(4) $H_2C=CHCH=CH_2$ $\xrightarrow{\text{HBr/过氧化物}}$ $\xrightarrow{\text{NaCN/H}_2\text{O}}$ $CN(CH_2)_6CN$

(5)

10.

11. 共有9种可能的结构式。

(1) $BrCH_2CH_2CH_2CH_2CH_2CH_3$ (2) $BrCH_2\overset{\overset{\text{CH}_3}{|}}{CH}CH_2CH_2CH_3$ (3) $BrCH_2CH_2\overset{\overset{\text{CH}_3}{|}}{CH}CH_2CH_3$

(4) $BrCH_2CH_2CH_2\overset{\overset{\text{CH}_3}{|}}{CH}CH_3$ (5) $BrCH_2\overset{\overset{\text{CH}_3}{|}}{\underset{\underset{\text{CH}_3}{|}}{CH}}CHCH_3$ (6) $BrCH_2CH_2\overset{\overset{\text{CH}_3}{|}}{\underset{\underset{\text{CH}_3}{|}}{C}}CH_3$

(7) $BrCH_2\overset{\overset{}{|}}{\underset{\underset{\text{CH}_2\text{CH}_3}{|}}{CH}}CH_2CH_3$ (8) $(CH_3)_2CHCBr(CH_3)_2$ (9) $(CH_3)_2CBrCH_2CH_2CH_3$

第9章　醇、酚、醚

1. (1) 3-甲基-1-甲氧基-2-戊醇　(2) 对乙氧基苯甲醇(或 4-乙氧基苯甲醇)　(3) 3-硝基-4-羟基苯磺酸

(4) 5-甲基-5-己烯-3-醇　(5) 4-氯-1-萘酚　(6) 环氧四氢呋喃结构

(7) $\underset{H}{\overset{CH_3}{\diagdown}}C=\underset{CH_2OH}{\overset{CH_3}{\diagup}}$　(8) 2,4-二氯苯基-4-硝基苯基醚结构

2. 略。

3. 沸点从高到低:正庚醇>3-己醇>2-甲基-2-戊醇>正己烷

4. 酸性:(4)>(2)>(3)>(5)>(1)>(6)

5. (1) 苯甲醚、环己烷、苯酚、环己醇 $\xrightarrow{\text{FeCl}_3}$ (苯酚显色) $\xrightarrow{\text{KMnO}_4}$ (褪色) $\xrightarrow{\text{稀酸}}$ 澄清透明均相/分层

112

(2)
```
3-丁烯-2-醇 ┐                  ┌ 褪色 ─Lucas试剂→ 立即浑浊
3-丁烯-1-醇 ┤ Br₂/CCl₄        ┤ 褪色 ─Lucas试剂→ ×
2-甲基-2-丙醇┤────────→       └
2-丁醇      ┤                  ┌ × ─Lucas试剂→ 立即浑浊
正丁醇      ┘                  ┤ × ─Lucas试剂→ 水浴后浑浊
                               └ ×
```

6. 混合物中加入 NaOH 溶液,分层,下层加入足量的酸,析出苯酚,过滤;上层为苯和苯甲醚混合物,加入浓盐酸,苯甲醚溶解,分层,下层加入足量的碱,析出苯甲醚,上层即是苯。

7. (1) $C_6H_5CH_3 \xrightarrow[Fe]{Cl_2} CH_3-\!\!\!\bigcirc\!\!\!-Cl \xrightarrow[\triangle]{Cl_2}$ (结构：对位Cl苯环带CH₂Cl) $\xrightarrow[H_2O]{NaOH} \xrightarrow[140℃]{浓\ H_2SO_4}$ T. M.

(2) $CH_3CH_2CH_2OH \xrightarrow[\triangle]{H_2SO_4} CH_3CH=CH_2 \xrightarrow[\triangle]{Cl_2} CH_2ClCH=CH_2 \xrightarrow{Cl_2}$

$ClCH_2CHClCH_2Cl \xrightarrow[H_2O]{NaOH} HOCH_2CHOHCH_2OH$

(3) $CH_3CH_2CH_2OH \xrightarrow{PCl_3} ClCH_2CH_2CH_3 \xrightarrow[醇]{NaCN} CH_3CH_2CH_2CN \xrightarrow{H_3O^+}$ T. M.

(4) $CH_3CH_2CH_2CH_2OH \xrightarrow[\triangle]{H_2SO_4} CH_3CH=CHCH_3 \xrightarrow{Br_2/CCl_4}$ T. M.

(5) $CH_3CH_2CH_2CH_2OH \xrightarrow[\triangle]{H_2SO_4} CH_3CH=CHCH_3 \xrightarrow[Zn]{O_3\ \ H_2O} CH_3CHO$

8.
$(CH_3)_2C=CHCH_3 \xrightarrow{KMnO_4,H^+} (CH_3)_2C=O+CH_3COOH$

$\underset{\underset{OH}{|}}{(CH_3)_2CHCHCH_3} \xrightarrow[\triangle]{H_2SO_4} (CH_3)_2C=CHCH_3$
$\quad\quad\quad$ B $\quad\quad\quad\quad\quad\quad\quad\quad$ C

$\underset{\underset{Br}{|}}{(CH_3)_2CHCHCH_3} \xrightarrow[H_2O]{NaOH} \underset{\underset{OH}{|}}{(CH_3)_2CHCHCH_3}$
$\quad\quad\quad$ A $\quad\quad\quad\quad\quad\quad\quad\quad$ B

9. 反应式略,A、B、C 结构式为:A. $C_6H_5OCH_3$; B. C_6H_5OH; C. CH_3I。

10. (1) $C_6H_5OH+C_2H_5I$

(2) $C_6H_5CH=CH_2$, $C_6H_5CHOHCH_3$

(3) $HOCH_2CH_2OH$, $OHCCHO$, CO_2

(4) $CH_3COCOOH+HOOCCH_2COOH$

(5) $(CH_3)_2C=CHCH_2Cl$, $CH_3-\!\!\!\bigcirc\!\!\!-ONa$, $CH_3-\!\!\!\bigcirc\!\!\!-O-CH_2CH=C(CH_3)_2$

(6)

第 10 章　醛、酮和核磁共振谱

1. (1)3-羟基丙醛　(2)(4E,6E)-4,6-辛二烯醛　(3)2,4-戊二烯醛　(4)苯乙酮肟
   (5) 4-甲基环己酮　(6) 4-甲氧基-3-溴苯甲醛

2. (1) ③>①>②>④　(2) ④>①>②>③　(3) ④>③>②>①

3. (1) 环戊烷结构，带OH和COOH

(2) 苯环—MgBr ，H^+/H_2O，CrO_3/吡啶

(3) 苯环连接二氧戊环和CH_3

(4) 苯环—CH_2COONa，CHI_3

(5) $CH_3CH_2CHCHCHO$（带CH_3和OH），$CH_3CH_2CH{=}CCHO$（带CH_3），$CH_3CH_2CH{=}CH{=}NOH$（带CH_3）

(6) 二醇 $\overset{OH}{\underset{OH}{|}}$ $+$ O=环己酮（含O环）

(7) 茚酮衍生物带CH_3和O，茚衍生物带CH_3和OH

(8) $KMnO_4/H^+$ 或 CrO_3/吡啶，环己基—O—乙酰基（$OCCH_3$，O）

4. (1)
$CH_3CH_2CH_2CHO$
$CH_3CH_2CH_2CH_2OH$
$CH_3CH_2OCH_2CH_3$
$CH_3\overset{O}{\underset{\|}{C}}CH_2CH_3$

$\xrightarrow{\text{Fehling 试剂}}$ 砖红色沉淀 $\xrightarrow{\text{2,4-二硝基苯肼}}$ 黄色沉淀 $\xrightarrow{KMnO_4/H^+}$ 褪色

(2)
苯环—CHO
环戊酮（=O）
$CH_3CH_2CH_2CHO$
$CH_3\overset{OH}{\underset{|}{C}HCH_2CH_2CH_3}$

$\xrightarrow{I_2/NaOH}$ 黄色沉淀 $\xrightarrow{\text{Fehling 试剂}}$ 砖红色沉淀 $\xrightarrow{\text{Tollens 试剂}}$ 黑色沉淀

(3)
苯环—$\overset{OH}{\underset{|}{C}HCH_3}$
苯环—$\overset{O}{\underset{\|}{C}CH_3}$
$CH_3\overset{O}{\underset{\|}{C}CH_2CH_3}$
苯环—$\overset{O}{\underset{\|}{C}CH_2CH_3}$

$\xrightarrow{I_2/NaOH}$ 黄色沉淀／黄色沉淀／黄色沉淀 $\xrightarrow{\text{2,4-二硝基苯肼}}$ 黄色沉淀／黄色沉淀 $\xrightarrow{\text{饱和 NaHSO}_3}$ 白色沉淀

5. (1) $CH_3\overset{OH}{\underset{|}{C}HCH_2CH_3}$ $\xrightarrow{PBr_3}$ $CH_3\overset{Br}{\underset{|}{C}HCH_2CH_3}$ $\xrightarrow[\text{无水乙醚}]{Mg}$ $CH_3\overset{MgBr}{\underset{|}{C}HCH_2CH_3}$ $\xrightarrow{HCHO}$

$\xrightarrow[H_2O]{H^+}$ $CH_3CH_2\overset{}{\underset{CH_3}{C}HCH_2OH}$（带$CH_3$）

(2) $CH_3CH_2CH_2OH$ $\xrightarrow{PBr_3}$ $CH_3CH_2CH_2Br$ $\xrightarrow[\text{无水乙醚}]{Mg}$ $CH_3CH_2CH_2MgBr$

$CH_3CH_2CH_2OH$ $\xrightarrow{CrO_3/\text{吡啶}}$ CH_3CH_2CHO

$\xrightarrow{\text{无水乙醚}}$

114

8. (1) b＞a＞c; (2) c＞e＞a＞d＞f＞b

9.

10.

11.

12. CH₃CHOCHCH₃

第 11 章　羧酸、羧酸衍生物和质谱

1. (1) (E)-3-甲基-2-戊烯酸　　(2) 对乙酰基苯甲酰胺　　(3) 间苯二甲酸

(4) 3-对氯苯基丁酸　　(5) 邻羟基苯甲酰氯　　(6) 顺-2-甲基丁烯二酸酐

(7) 苯乙酸环己酯　　(8) 3-苯基丙烯腈　　(9) 2-(或β-)萘乙酸

(10) 对氯苯氧乙酸　　(11) (CH₃)₂CH⟨环⟩COOH　　(12) ⟨吡咯烷酮⟩

(13) ⟨邻苯二甲酸酐⟩　　(14) CH₂=C-COOCH₃ (CH₃)　　(15) H₂N-CO-NH-CO-NH₂

(16) ⟨环己基⟩-COOCH=CH₂　(17) ⟨结构式⟩　　(18) HCON(CH₃)₂

115

(19)
$$\begin{array}{c} COOH \\ HO \longrightarrow H \\ H \longrightarrow OH \\ COOH \end{array}$$
(20)
$$\begin{array}{c} HO \longrightarrow CH \longrightarrow COOH \\ | \\ CH_2 \longrightarrow COOH \end{array}$$

2. (1) 三氯乙酸＞草酸＞丙二酸＞甲酸＞乙酸

   (2) 乙酸＞苯酚＞乙醇＞乙炔＞乙烯

   (3) 柠檬酸＞苹果酸＞酒石酸＞乳酸

3. $CH_3CH_2CH_2COOH$
   - $\xrightarrow{C_2H_5OH}$ $CH_3CH_2CH_2COOC_2H_5$
   - $\xrightarrow{Br_2/P}$ $CH_3CH_2CHBrCOOH$
   - $\xrightarrow{SOCl_2}$ $CH_3CH_2CH_2COCl$
   - $\xrightarrow{NH_3}$ $CH_3CH_2CH_2CONH_2$
   - $\xrightarrow{P_2O_5}$ $(CH_3CH_2CH_2CO)_2O$

4. (1) 分别加入 $NaHCO_3$ 溶液,鉴别出乙醛(无气体放出);余下两种加入银氨溶液,产生沉淀的为甲酸。

   (2) 加入 $NaOH$ 溶液,不溶解分层的为苄醇;余下两种加入 $FeCl_3$ 溶液,显紫色的为对甲苯酚。

   (3) 加入酸性 $KMnO_4$ 溶液,褪色的为草酸;余下两种加热,产生的气体通入澄清石灰水中,变浑浊的是丙二酸。

   (4) 加入水,产生白雾的是乙酰氯;稍加热,能与水溶解成一相的是乙酸酐,不溶解的是乙酸乙酯。

   (5) 分别加入 $NaHCO_3$ 溶液,鉴别出 2-羟基丁酸和丙酸(有气体放出),分别加入酸性 $KMnO_4$ 溶液,褪色的为 2-羟基丙酸;余下两种加入 $I_2/NaOH$ 溶液,产生黄色沉淀的为 2-丙醇。

5. (1) $C_6H_5CH_2MgCl$, $C_6H_5CH_2COOH$, $C_6H_5CH_2COCl$

   (2) $CH_3-\underset{\underset{OH}{|}}{CH}-CN$, $CH_3-\underset{\underset{OH}{|}}{CH}-COOH$

   (3) 苯环-COCl, 苯环-CONH₂, 苯环-NH₂

   (4) $C_2H_5OOCCH_2CH_2COOH + C_2H_5OOCCH_2CH_2COOC_2H_5$

   (5) $CH_3-CH_2-\underset{\underset{O}{\|}}{C}-\underset{\underset{CH_3}{|}}{CH}-\underset{\underset{O}{\|}}{C}-OC_2H_5$

   (6) $CH_3\underset{\underset{OH}{|}}{CH}$-苯环-$COOC_2H_5$

   (7) 苯环-CH_2CN , 苯环-$CH_2CH_2NH_2$

   (8) $CH_3CH_2\underset{\underset{OH}{|}}{CH}COOH$

6. (1) $H_2C{=}CH_2 \xrightarrow{H_3O^+} CH_3CH_2OH \xrightarrow[\text{高温}]{CuO} CH_3CHO \xrightarrow[\text{加热}]{NaOH(\text{稀})} CH_3CH{=}CHCHO$

   $\xrightarrow[\text{Pt}]{H_2} CH_3CH_2CH_2CH_2OH \xrightarrow{KMnO_4} T.M.$

   (2) $CH_3CH_2COOH \xrightarrow{Br_2/P} CH_3CHBrCOOH \xrightarrow{OH^-} CH_3\underset{\underset{OH}{|}}{CH}COOH$

(3) $CH_3CH_2COOH \xrightarrow{LiAlH_4} CH_3CH_2CH_2OH \xrightarrow{SOCl_2} \xrightarrow{CN^-} CH_3CH_2CH_2CN \xrightarrow{H_3O^+} T.M.$

(4) ⬡—Br $\xrightarrow[\text{无水乙醚}]{Mg}$ ⬡—MgBr $\xrightarrow[\text{② } H_3O^+]{\text{① } CO_2}$ ⬡—COOH $\xrightarrow{C_2H_5OH}$ T.M.

7. 布洛芬的合成路线如下：

⬡ $\xrightarrow[AlCl_3]{(CH_3)_2CHCCl(O)}$ $\xrightarrow[\text{浓 } HCl]{Zn-Hg}$ （isobutylbenzene） $\xrightarrow[AlCl_3]{CH_3COCl}$ $\xrightarrow{NaBH_4}$ $\xrightarrow{PCl_3}$

（isobutyl-benzene-CHClCH_3） $\xrightarrow[\text{无水乙醚}]{Mg}$ $\xrightarrow[\text{② } H_3O^+]{\text{① } CO_2}$ T.M.

8. A～E 的结构如下：

A. （丁二酸酐，succinic anhydride）

B. （苯基丁酸，phenyl-CH_2CH_2CH_2COOH）

C. （苯基丁酰氯，phenyl-CH_2CH_2CH_2COCl(O)）

D. （α-四氢萘酮，1-tetralone）

E. （二氢萘，dihydronaphthalene-C_2H_5）

9. A、B、C 的结构式分别为 CH_3CH_2COOH、$HCOOC_2H_5$、CH_3COOCH_3，反应式为

$$CH_3CH_2COOH + Na_2CO_3 \longrightarrow CH_3CH_2COONa + CO_2$$

$$HCOOC_2H_5 \xrightarrow{NaOH} HCOONa + C_2H_5OH \xrightarrow{I_2/NaOH} CHI_3$$

$$CH_3COOCH_3 \xrightarrow{NaOH} CH_3COONa + CH_3OH$$

10. A、B、C 和 D 的结构式分别为 $CH_3COOCH=CH_2$、$CH_2=CHCOOCH_3$、$CH_2=CHCOONa$、$CH_2=CHCOOH$。

$$CH_3COOCH=CH_2 \xrightarrow[\text{加热}]{NaOH} CH_3COONa + HOCH=CH_2 \longrightarrow CH_3CHO$$

$$CH_2=CHCOOCH_3 \xrightarrow[\text{加热}]{NaOH} CH_2=CHCOONa + CH_3OH$$

$$CH_2=CHCOONa \xrightarrow{H^+} CH_2=CHCOOH \xrightarrow{Br_2/CCl_4} CH_2BrCHBrCOOH$$

11. A. $CH_3-\overset{*}{C}H-CH_2COOH$ 带 OH

B. $CH_3CH=CHCOOH$

C. $CH_3\overset{O}{\overset{\|}{C}}CH_3$

$$CH_3-\overset{*}{C}H-CH_2COOH \text{（带OH）} \xrightarrow{\triangle} CH_3CH=CHCOOH$$

$$CH_3-\overset{*}{C}H-CH_2COOH \text{（带OH）} \xrightarrow[H^+,\triangle]{K_2Cr_2O_7} CH_3-\overset{O}{\overset{\|}{C}}-CH_2COOH \xrightarrow[\text{脱羧反应}]{-CO_2} CH_3\overset{O}{\overset{\|}{C}}CH_3$$

12. （1） $CH_3COCH_2COOC_2H_5 \xrightarrow[\text{② } C_3H_7Br]{\text{① } NaOC_2H_5} CH_3COCHCOOC_2H_5 \text{（带 } C_3H_7\text{）} \xrightarrow[\text{② } H^+,\text{加热}]{\text{① } 10\% KOH}$

$$CH_3COCH_2C_3H_7 \xrightarrow{LiAlH_4} T.M.$$

(2) $CH_3COCH_2COOC_2H_5$ $\xrightarrow[\text{② } C_3H_7Br]{\text{① } NaOC_2H_5}$ $CH_3COCHCOOC_2H_5$ $\underset{\underset{C_3H_7}{|}}{}$ $\xrightarrow[\text{② } H^+, \text{加热}]{\text{① } 40\% \text{ KOH}}$

$C_3H_7CH_2COOH$

(3) $CH_3COCH_2COOC_2H_5$ $\xrightarrow[\text{② } ClCH_2COCH_3]{\text{① } NaOC_2H_5}$ $CH_3COCHCOOC_2H_5$ $\underset{\underset{CH_2COCH_3}{|}}{}$ $\xrightarrow[\text{② } H^+, \text{加热}]{\text{① } 10\% \text{ KOH}}$ T. M.

(4) $CH_3COCH_2COOC_2H_5$ $\xrightarrow[\text{② } CH_3I]{\text{① } NaOC_2H_5}$ $CH_3COCHCOOC_2H_5$ $\underset{\underset{CH_3}{|}}{}$

$CH_3COCHCOOC_2H_5$ $\underset{\underset{CH_3}{|}}{}$ $\xrightarrow[\text{② } ClCH_2COCH_3]{\text{① } NaOC_2H_5}$ $CH_3COCCOOC_2H_5$ $\overset{\overset{CH_3}{|}}{\underset{\underset{CH_2COCH_3}{|}}{}}$ $\xrightarrow[\text{② } H^+, \text{加热}]{\text{① } 40\% \text{ KOH}}$ T. M.

13. 正丙醚的分子离子存在如下裂解过程：

$CH_3CH_2CH_2\overset{+\cdot}{O}CH_2CH_2CH_3 \longrightarrow CH_2\overset{+}{=}OCH_2CH_2CH_3 + \cdot CH_2CH_3$
$\qquad\qquad\qquad\qquad\qquad\qquad m/z\ 73$
$\qquad\qquad\qquad\qquad\qquad\qquad\longrightarrow CH_2\overset{+}{=}OH + CH_2=CHCH_3$
$\qquad\qquad\qquad\qquad\qquad\qquad\qquad\quad m/z\ 31$

14. (3)，因为会产生 $CH_3CH_2^+$ ($m/z=29$)、$CH_3CH_2CH_2^+$ ($m/z=43$) 和 $CH_3CH_2CO^+$ ($m/z=57$) 等峰。

第 12 章　胺及其衍生物

1. (1) 2,3-二甲基-2-氨基丁烷　　(2) 二甲基丙基胺　　(3) 氢氧化二甲基二乙基铵
　(4) 1,4-丁二胺　　(5) 甲基乙基环己基胺　　(6) N,N-二甲基对溴苯胺

2. (1) $[(C_2H_5)_2N(CH_3)_2]^+Cl^-$　　　　(2) $[HOCH_2CH_2N^+(CH_3)_3]OH^-$

　(3) HO—⟨benzene⟩—N=N—⟨benzene⟩—Br　　(4) $C_6H_5SO_2NHCH_3$

　(5) Br—⟨benzene⟩—$\overset{+}{N_2}Cl^-$　　　　(6) $CH_3CONHC_6H_5$

3. (1) 对甲氧基苯胺＞苯胺＞对氨基苯甲醛
　(2) 氢氧化四甲铵＞甲胺＞尿素＞甲酰胺＞邻苯二甲酰亚胺
　(3) 四氢吡啶＞二乙胺＞环戊胺

4. (1) [pyrrolidine ring with CH₃, $\overset{+}{N}(CH_3)_2$, I⁻] ，[pyrrolidine ring with CH₃, $\overset{+}{N}(CH_3)_2$, OH⁻] ，[CH₂=CH-CH(CH₃)-N(CH₃)₂ structure]

　(2) CH_3O—⟨benzene⟩—$\underset{\underset{CH_3}{|}}{N}COCH_3$

　(3) ⟨benzene⟩—$\overset{+}{N_2}Cl^-$ ，⟨benzene⟩—N=N—⟨benzene⟩—$N(CH_3)_2$

　(4) $C_6H_5NO_2$，$C_6H_5NH_2$，CH_3—⟨benzene⟩—$SO_2NHC_6H_5$

　(5) $C_6H_5NH_2$，$C_6H_5\overset{+}{N_2}Cl^-$，$C_6H_5CN$，$C_6H_5COOH$

　(6) CH_3CH_2COOH，CH_3CH_2COCl，$CH_3CH_2CON(C_2H_5)_2$，$CH_3CH_2CH_2N(C_2H_5)_2$

5. (1) 加入溴水，产生白色沉淀的是苯酚和苯胺，此两者中加入三氯化铁溶液，显色的是苯酚；另外两者中，加入银氨溶液，产生银镜的是苯甲醛

— 118 —

(2) 采用 Hinsberg 反应,先分别加入对甲基苯磺酰氯(TsCl),产生白色沉淀的是邻甲基苯胺和 *N*-甲基苯胺,无沉淀的为 *N*,*N*-二甲基苯胺;前两者分别加入 NaOH 溶液,白色沉淀溶解的为邻甲基苯胺,不溶的为 *N*-甲基苯胺。

6. (1)

$$\text{苯} \xrightarrow[\text{HNO}_3]{\text{H}_2\text{SO}_4} \text{C}_6\text{H}_5\text{NO}_2 \xrightarrow[\text{HCl}]{\text{Fe}} \text{C}_6\text{H}_5\text{NH}_2 \xrightarrow{\text{Br}_2,\text{H}_2\text{O}}$$

2,4,6-三溴苯胺 $\xrightarrow[0\sim5℃]{\text{HNO}_2}$ 2,4,6-三溴重氮盐 $\xrightarrow[\text{或 C}_2\text{H}_5\text{OH}]{\text{H}_3\text{PO}_2}$ T. M.

(2) $\text{C}_6\text{H}_5\text{CH}_2\text{OH} \xrightarrow[\triangle]{\text{KMnO}_4,\text{H}^+} \text{C}_6\text{H}_5\text{COOH} \xrightarrow[\triangle]{\text{NH}_3} \text{C}_6\text{H}_5\text{CONH}_2 \xrightarrow{\text{Br}_2,\text{OH}^-}$

$\text{C}_6\text{H}_5\text{NH}_2 \xrightarrow[0\sim5℃]{\text{HNO}_2} \text{C}_6\text{H}_5\text{N}_2^+ \xrightarrow[\triangle]{\text{H}_2\text{O}}$ T. M.

(3) $\text{苯} \xrightarrow[\text{H}_2\text{SO}_4]{\text{HNO}_3} \text{C}_6\text{H}_5\text{NO}_2 \xrightarrow{\text{Fe}}{\text{Cl}_2}$ 间氯硝基苯 $\xrightarrow{\text{Fe,HCl}}$ 间氯苯胺 $\xrightarrow[0\sim5℃]{\text{HNO}_2}$

间氯重氮盐 $\xrightarrow{\text{CuBr}}$ T. M.

(4) 甲胺: $\text{C}_2\text{H}_5\text{OH} \xrightarrow[\triangle]{\text{KMnO}_4,\text{H}^+} \text{CH}_3\text{COOH} \xrightarrow[\triangle]{\text{NH}_3} \text{CH}_3\text{CONH}_2 \xrightarrow{\text{Br}_2,\text{OH}^-} \text{CH}_3\text{NH}_2$

乙胺: $\text{CH}_3\text{CH}_2\text{OH} \xrightarrow{\text{PCl}_3} \text{CH}_3\text{CH}_2\text{Cl} \xrightarrow{\text{NH}_3} \text{CH}_3\text{CH}_2\text{NH}_2$

丙胺: $\text{CH}_3\text{CH}_2\text{Cl} \xrightarrow{\text{NaCN}} \text{CH}_3\text{CH}_2\text{CN} \xrightarrow{\text{H}_2}{\text{Ni}} \text{CH}_3\text{CH}_2\text{CH}_2\text{NH}_2$

(5) $\text{苯} \xrightarrow[\text{AlCl}_3]{\text{CH}_3\text{Cl}} \text{C}_6\text{H}_5\text{CH}_3 \xrightarrow[\text{H}_2\text{SO}_4]{\text{HNO}_3} \text{O}_2\text{N}-\text{C}_6\text{H}_4-\text{CH}_3 \xrightarrow[\triangle]{\text{KMnO}_4} \text{O}_2\text{N}-\text{C}_6\text{H}_4-\text{COOH} \xrightarrow{\text{SOCl}_2}$ T. M.

(6) $\text{苯} \xrightarrow[\text{H}_2\text{SO}_4]{\text{HNO}_3} \xrightarrow{\text{Fe,HCl}} \text{C}_6\text{H}_5\text{NH}_2 \xrightarrow[0\sim5℃]{\text{HNO}_2} \xrightarrow{\text{H}_2\text{O}} \text{C}_6\text{H}_5\text{OH}$

苯胺 $\xrightarrow{\text{CH}_3\text{COCl}} \text{C}_6\text{H}_5\text{NHCOCH}_3 \xrightarrow{\text{Br}_2}$ 对溴乙酰苯胺 $\xrightarrow{\text{H}_3\text{O}^+}$

对溴苯胺 $\xrightarrow[0\sim5℃]{\text{HNO}_2}$ 对溴重氮盐 $\xrightarrow{\text{C}_6\text{H}_5\text{OH}}$ T. M.

7. $\text{O}_2\text{N}-\text{C}_6\text{H}_4-\text{NH}_2 \xrightarrow[0\sim5℃]{\text{HNO}_2} \text{O}_2\text{N}-\text{C}_6\text{H}_4-\text{N}_2^+ \xrightarrow{\beta\text{-萘酚(OH)}}$ 偶氮化合物(OH—N=N—NO$_2$)

8. 加入 NaOH 水溶液,对甲苯酚溶解转入水层,分出水层,加入足够酸,析出对甲苯酚;另一层苯甲醇和苯甲胺混合物,加入稀盐酸,苯甲胺溶解转入水层,分出水层,加入足够碱,析出苯甲胺。

9. A. $\text{CH}_3\overset{\displaystyle |}{\underset{\displaystyle \text{NH}_2}{\text{CH}}}\text{CH}_2\text{CH(CH}_3)_2$ B. $\text{CH}_3\overset{\displaystyle |}{\underset{\displaystyle \text{OH}}{\text{CH}}}\text{CH}_2\text{CH(CH}_3)_2$ C. $\text{CH}_3\text{CH}=\text{CHCH(CH}_3)_2$

10. A. 邻硝基甲苯   B. 邻甲基苯胺   C. 邻甲基重氮盐(N$_2^+$Cl$^-$)
D. 邻甲基苯腈(CN)   E. 邻甲基苯甲酸(COOH)   F. 邻苯二甲酸(COOH,COOH)

第 13 章　碳水化合物

1. 略。

2. 略。

3. 略。

4. 没有变旋作用的有(1),(4),(5)。

5. 能还原 Fehling 试剂的有(2),(3)。

10. α-1,1'-苷键

11. (1) β-L (2) α-D (3) β-D (4) β-L (5) β-L (6) α-D (7) β-D (8) β-D (9) α-L

第 14 章 杂环化合物

1. (1) 5-甲基噻唑   (2) α-呋喃甲醛(或 2-呋喃甲醛)   (3) α-硝基吡咯(2-硝基吡咯)
   (4) 4-溴吡喃   (5) 8-羟基喹啉   (6) 5-甲基-2-羟基嘧啶
   (7) 3,7-二甲基-2,6-二氧嘌呤   (8) N-甲基吡咯
   (9) 6-苯甲氨基嘌呤

2. 除吡喃外,其他都具有芳香性。

3. (1) 吡咯<四氢吡咯 (2) 吡啶<六氢吡啶 (3) 甲胺>氨>吡啶>苯胺>吡咯

4. 吡咯是五元杂环(富电子芳环),碳原子上的 π 电子云密度比苯大;嘧啶是六元杂环,碳原子上的 π

电子云密度比苯小。而亲电取代反应容易发生在电子云密度较高的环。

5. 在苯环上。因为吡啶中碳原子上的 π 电子云密度比苯小。

6. (1) 加入浓硫酸,振摇,噻吩易磺化而转移至浓硫酸层。

   (2) 加入 NaOH 水溶液,苯酚溶解转入水层;上层再加入浓盐酸,吡啶成盐转入水层。通过分液即可达到除杂的目的。

7. (1) 吡咯-N⁻Na⁺ + H₂ (2) 噻吩-NO₂ (3) 吡咯 NH-COCH₃

   (4) 呋喃-CH=NNHC₆H₅ (5) Br-噻吩-CH₃

   (6) 呋喃-CH₂OH + 呋喃-COOH (7) 噻唑-SO₃H

   (8) 四氢呋喃-CH₃ (9) 吡啶-N⁺CH₃I⁻ (10) 吡啶-COOH COOH

   (11) 吡啶-COOH (12) 吡啶-CONH₂ (13) 吡啶-NH₂

   (14) 吡啶-NO₂

第 15 章　氨基酸、蛋白质和核酸

1. pH 为 5~6。

2. (1) 与 HNO₂ 反应,有氮气放出的为谷氨酸。

   (2) 与 Lucas 试剂反应,加热出现浑浊的为丝氨酸。

   (3) 与 NaHCO₃ 反应,有气体放出的为酪氨酸。

3. 其结构为甘—甘—天冬—苯丙—脯—缬—脯—亮。

4. 其结构为

$$甘—亮—脯—半胱—天冬—谷$$
$$半胱—酪—异亮$$

还原后的结构为甘—亮—脯—半胱—天冬—谷—异亮—酪—半胱。

5. (1) 因为纯水的 pH 为 7,而胰岛素和鱼精蛋白的 pI 分别为 5.3 和 10,它们较难离子化。

   (2) 因为只有变性后蛋白质的结构才会变得松散,才会产生游离的巯基和二硫基、酚基等官能团。

   (3) 因为这两种试剂更容易引入,而且在保护氨基或活化羧基后更容易通过水解脱去。

   (4) 实验证明 75% 乙醇溶液的杀菌消毒效果最好,过浓或过稀都难破坏蛋白质胶体颗粒表面的水化膜或进入肽链空隙产生溶胀作用。

6. (1) 慢。氨基以—NH₃⁺、羧基以—COO⁻ 形式存在,使其活性大大降低。

   (2) 肽中 C 端的羧基的 pK 要比自由氨基酸的 pK 大,而 N 端的氨基的 pK 要比自由氨基酸的 pK 小。

   (3) 它们的构型如下:

$$\begin{array}{cccc} \text{COOH} & \text{COOH} & \text{COOH} & \text{COOH} \\ \text{H}_2\text{N——H} & \text{H}_2\text{N——H} & \text{H}_2\text{N——H} & \text{H}_2\text{N——H} \\ \text{CH}_3 & \text{CH}_2\text{OH} & \text{CH}_2\text{CONH}_2 & \text{CH}_2\text{SH} \\ \text{L-(+)-丙氨酸} & \text{L-(-)-丝氨酸} & \text{L-(-)-天冬酰氨酸} & \text{L-(-)-半胱氨酸} \end{array}$$

参考文献

陈睿,宋光泉. 2005. 新编有机化学解题指南. 北京:中国农业出版社

冯金城,郭生. 2005. 有机化学学习及解题指导. 2 版. 北京:科学出版社

李楠,胡世荣. 2003. 有机化学习题集. 北京:高等教育出版社

王积涛,胡青眉,张宝申,等. 2002. 有机化学. 2 版. 天津:南开大学出版社

邢其毅,徐瑞秋,周政. 1994. 基础有机化学. 2 版. 北京:高等教育出版社

张宝申,庞美丽. 2004. 有机化学习题解. 天津:南开大学出版社

张宝申,庞美丽. 2004. 有机化学学习辅导. 天津:南开大学出版社

章维华. 2006. 有机化学学习指南. 北京:中国农业出版社

Patrick G L. 2000. Instant Notes in Organic Chemistry. 影印版. 北京:科学出版社

Vollhardt K P C,Schore N E. 2003. Organic Chemistry:Structure and Function. 4th ed. New York: W. H. Freeman